THE AGE OF
OVERWHELM

Strategies
for the Long Haul

自愈

［美］**劳拉·利普斯基** 著
（Laura van Dernoot Lipsky）

底 飒 译

中国人民大学出版社
·北 京·

我们的内心深处都潜藏着阴暗、罪恶。我们的任务不是把它们释放到这个世界，而是要在心中转化它们。

——阿尔贝·加缪（Albert Camus）

序

大约 20 年前，我从劳拉·利普斯基那里学到了第一课，当时我曾开玩笑提议，定期赠送劳拉一块松饼，以感谢她对反家庭暴力组织的支持。在接下来的岁月里，劳拉教会了我很多东西，包括如何应对焦虑和压力、克服心理创伤，以及在这些方面如何更好地帮助他人。

关于将促进个人和集体福祉作为实现社会正义的基本手段这种观点，有很多讨论，劳拉的卓越研究和实践对这些讨论很有意义。几乎所有相关领域的研究和应用都受到她的影响。人们沿着劳拉在《治愈之书》(*Trauma Stewardship*) 和其他研究中所指明的道路，离开精神、身体和情感崩溃的边缘，恢复了正常生活。

在与劳拉的长期合作中，我发现很多人都坚信理想主义和实用主义是对立不可调和的两端。一方面，如果有人努力改变世界、创新理解世界的方式或主张修复生活中的裂痕，那么他就被会固定在理想主义的一端；另一方面，我们认定务实、严肃认真、力图把每件小事做好的人站在现实主义一端。有些人认为理想主义者是不切实际的梦想家,对他们来说,完美永远是敌人;另一些人认为实用主义者是自私自利的,会因为眼里的树木太多而看不见森林。以上针锋相对的观点都坚持认为,不同的原则之间必然是对立的——好像理想主义的目标和实用主义的方法不可能同时存在于一个人的头脑中,也不可能融入同一种处世观念中。对于我们这些为了实现理想主义目标而采取实际行动的人来说,上述观念冲突正是我们要努力改变的现状。

在这部文笔优美、令人过目难忘且基于扎实研究的最新作品中,劳拉探讨的内容不只是如何应对传统意义上的心理创伤、崩溃,还重点关注生活中压力过大、充满焦虑的普遍状态,这无疑关乎我们所有人。

《自愈》像一座灯塔,它向我们展示了提升自我压力管理能力如何与我们的目标(包括我们为自己、家庭和身边世界设定的目标)务实地联系在一起。毫无疑问,本书向读者说明,我们能够而且必须致力于解决时常困扰着自己和身边人的负面情绪与状态,回到健康、可持续的生活状态。

劳拉在这一专业领域的丰富实践经验和慷慨分享,使本书中的点点滴滴都变得生动活泼。她知道如何为自己的观点提供全面的论据。书中呈现了丰富的、发人深省的细节，详细描述了长期处于高压、焦虑状态的后果，然后为我们解读哪些因素是可控的，哪些不在我们的控制范围内，并分享了让人读来感同身受的经验。读过本书，回首生活中每个不那么让人开心的细节，你都会有豁然开朗的感觉。

　　劳拉相信我们都能自行克服面对的问题，并且能够长期坚持，不仅治愈和完善自我，还将有效地影响身边的人。不论你是不拘小节的理想主义者，还是严谨细致的现实主义者，你肯定或多或少面临着来自生活中各个方面的压力，时常不可避免地陷入焦虑，又常常觉得问题不是你一个人能解决的，那么我推荐你拿起这本书，开始阅读，找到自愈的答案。

康妮·伯克（Connie Burk）

目 录

导　言

　　他坐在大厅中央，虽然周围环坐着上百人，但他的目光还是越过人群，准确地找到了我。他试着让身体微微前倾，语气缓慢却坚定地说："我不知道自己哪里出了问题，但我特别想有脱胎换骨的感觉，最好不用我特意为此做些什么，这就是你要帮我的。"

　　今天，处于这种状态的人很多。

　　虽然从事心理研究工作已有 30 余年，但我还是时常觉得自己的工作领域有些陌生。世界上很多人都在经历压力、焦虑乃至痛苦、崩溃，我对这些情绪当然不会陌生，"就算医生也会生病"，我有时也不可避免地陷入其中，但是我发现人们对压力、焦虑、痛苦和崩溃的深度与广度的认识模糊不清。

　　上面提到的那位男士发言的时候，周围的听众身份各异，来自不同的群体、机构和组织，但是，房间里的每一个人都可以从他的话里体会到强烈的共鸣。

　　刚开始从事这项工作的时候，我没有想到，原来不只在我工作的领域里才会感受到如山重负，整个社会都充斥着种种压力。个体会感受到压力，家庭会感受到压力，单位、社区以及整个社会都会感受到压力。人类历史上的每个阶段都会有各种各样挑战，但是现如今，人们的眼睛里有种特别的诉求，这种诉求促使我完成本书，献给那些偶尔或者长期在压力与焦虑中挣扎的人。

我们人类是地球上最聪明的动物，但在面临压力时处理得并不理想。如果你有缘翻开了这本书，说明你或多或少有些压力——可能你急于改变某种状况，但又不相信自己能做到；可能你已经着手改善情况，又恰巧需要别人帮助。有些人对这本书感兴趣，或许是因为自己已经搞不定日常生活，感受不到幸福。有些人的家庭生活很不好过，又或者是身体状况不好。有些人必须肩负起照顾家人或者朋友的重担，而这对他们来说压力山大。有些人正在竭力拼搏，想要在工作中有所建树，得到认可和晋升，或是拼尽全力，工作仍然力不从心，也可能同时面对上述两种情况，已经不堪重负。有些人还是学生，觉得自己万分迷茫，很难找对前进的方向。有些人想要从社会或者体制那里得到支持、认可、正义，但社会和体制本身也面临着很大压力——即使是无生命的组织，也不得不应对压力。还有一部分人面临着上述的多种情况。

社会上快速增长的负面情绪已经随处可见，充斥着我们周围的世界。不管造成压力的原因是什么，有了压力，我们就很难集中注意力，很难继续做好手边的事。压力和随之而来的焦虑造成的影响显然不利于我们生活和工作的发展进步，甚至常常带来毁灭性的后果——有很多惨痛的案例发生在我们周围。

在我从事这项工作以及在学校教授相关理论的这些年里，经常会被问到一个问题——无论是小型非营利组织还是大型医院，无论是监狱还是野生动物保护组织，无论是政府机构还是常春藤大学，无论是互联网公司还是五角大楼，来自世界各地不同领域的人都以差不多的形式问过我这个问题。他们是在生活或工作中面临困境的人，是互相关心的家庭成员，是退伍回家的老兵，是当选的官员，是履行承诺的志愿者，或是提供庇护所的神职人员。也有无数个憧憬未来、想要顺利度过一生的年轻人问过我这个问题："我该做什么？"

我觉得问题的答案是至少要着手做些事情，而且通常情况下，要学会取舍，宁缺毋滥。虽然你手里的这本书强烈建议大家去做些事情，让自己忙起来，以维持自己长期的发展，但是我向你保证，这并不意味着你要去做所有自己惧怕的事情。我的初衷不是让大家在自己已有的计划表上一直加任务，而是简单地想提醒大家，你们是有选择的。无论你是对产生压力的原因感兴趣，还是好奇压力可能造成的后果，抑或想知道有效应对这种情况的具体做法，你一定要以最能帮助自己的方式阅读此书。

要永远记住一件事——在生活中的任何场景，当你需要的时候，必须让自己休息一下。某天下午，当时我已经连续不断地写书好几个月，我女儿向我走过来，什么都没说，在我的笔记本上放下一支亮闪闪的白色新铅笔，上面刻着字："休息一下吧，去外面走走。"

我知道这个世界千疮百孔，我们不能无视它的痛苦，但是，学会拒绝被负能量包围也很重要。

——托尼·莫里森（Toni Morrison），作家

找到解决办法

至于该如何调节一直存在的压力感，我们慢慢说。就我自己以及无数同行这些年的经历来说，面临压力时，我们要

留意什么是在我们控制范围内的，什么是我们无法改变的，还要想想该怎样有效接受这个事实，以便减轻痛苦，让自己表现得体面、公正、诚实。

当然，世间万物是相互联系的。我曾有幸师从一行禅师（Thich Nhat Hanh），他一直强调的一件事就是互即互入：世间万物是紧密联系的。我们每个人或多或少都对整体上的改变有所贡献。要克服的困难有很多，但是想要真正有所贡献——最起码有这样做的基础，也为了自身的长久发展——**我们必须关注自我本身**。

如果不关注压力产生的源头——我们自身，我们就根本不可能有所贡献，也不能很好地应对外界发生的变化。正因为自身，我们才具有最大的能力和权力做出改变。写这本书期间，我和威斯康星大学的罗宾·戈德曼（Robin Goldman）博士见了面。我问起她最近在做神经科学相关研究时最受鼓舞的一件事是什么，她停顿了一下说道："我们拥有做出改变的能力。"

我们掌控之内或之外的事情

我们越觉得有压力时，就越应该集中注意力，积极做出计划。压力来袭时，我们必须搞清楚该如何从内部化解内心

的情绪，否则这种情绪就会吞噬我们，或者致使我们对外界
造成伤害，又或者两种情况都出现。诗人、社会活动家奥德
丽·罗德（Audre Lorde）曾经写道："关心自己不是自我放
纵，而是自我保护，这是一种强大的表现。"要想做出改变，
首先得考虑下面两个问题：

- 什么在我们集体的掌控范围内？
- 什么在我们个人的掌控范围内？

集体的力量带来了劳动条件、环境恢复、家庭援助以及
其他方面的一些翻天覆地的变化。要想获得集体掌控权，必
须进行大规模的学习和组织，其中包括我们认为涉及政治层
面的领域——我们如何在相互冲突的利益中以及社会上的不
同见解中交涉迂回。民主就是集体掌控权的一种体现。然而，
正如我的朋友和同事康妮·伯克所说："我们必须取得一定的
自我掌控权，才有资格为争取集体掌控权做出贡献。"

> 人的内心是民主的第一家园。我们时常质
> 问自己。我可以做到公平吗？我可以拥有慷慨之
> 心吗？我可以不受思想的束缚，全身心地去倾听
> 吗？我可以不只是嘴上说说，而是真正行动起来
> 吗？我的内心足够坚定吗？我可以做到勇敢无畏、

永不放弃吗?

——特里·威廉姆斯(Terry Williams),作家

生活中有很多事情是在个人掌控之外的。由于大家有不同的宗教观、精神追求、哲学理念,所以每个人对此的看法也有所不同——有人对有些事情不在自己掌控范围内很是宽慰,而有人则觉得焦虑万分。但是,大部分人都会同意生活中确实有很多事情我们没法控制。其实,一开始只要承认这一点就很有帮助。

有时候承认我们自己做不到某些事情反而会带来一种解脱感,我们内心好像在说:"噢!万幸!我没法做到那件事真是谢天谢地!"然而通常情况下,放弃争取某件事情说起来容易,做起来难,因为有些不在我们掌控范围内的事情可能会极其恼人。如果遇到这种情况,我们可以把目光转移到这两个问题上:我可以做些什么来消除或者减轻伤害?最重要的是,我可以做些什么有用的事情?

生活中也有无数在我们掌控范围内的事情。从某次开始,我对工作中常问到的一个核心问题做了改变,从"你觉

得工作和生活对你有什么影响?"变成"你觉得你爱的人了解哪些情况? 他们认为和你相处是什么感觉?"我总是向人们保证,我们可以认为身边的人说的话毫无根据,但只要把那些话说出来就对沟通有帮助。尽管可能没有人回应我的第一个问题,但在我问完第二个问题后,他们总是有很多话要分享。我认为出现这种情况的一个原因是,我们人类都高度关心自己做不到的事情,而我们身边的人经常可以帮助我们认清现实,"对,虽然……这件事仍然怪你,而且对我们有附带损害"。

曾有一队警察找我咨询,他们都倾诉了工作中的困难和压力。大多数人只是分享了一些很常见的事情,但是其中一名警官说道:"我妻子最近跟我说:'你知道吗……我们结婚的时候你还不是这样,但是现在你就是个混蛋。'"

> 人们不惜长途跋涉,欣赏高山峻岭、惊涛骇浪,惊叹于长河大海、斗转星移……但他们却忘了审视自己的内心。
>
> ——奥古斯丁(Saint Augustine of Hippo),
> 神学家、哲学家

客观地认清在我们掌控范围内的因素也许十分困难,尤其是在那些看上去会随时变化的情况下。就像在启蒙教育时期强调的那样，我们可能有些"大的情绪"，一个人得达到正直和善良的某种平衡，才能做出正确的决定。不管我们有多确定自己可以搞定一件事情，或者有过类似的经历，我们都不能让负面情绪干扰我们的决定。

心理学家里克·汉森（Rick Hanson）博士告诉我们："大脑里古老的情感控制中心比后形成的理智控制中心抢先反应大概两秒钟，所以请你给大脑里的理智想法多一点缓冲时间。"

我们需要一辈子的时间来慢慢学习如何控制本能，如何接受一些具有建设性的事物，这也是世界范围内世世代代达成的共识。然而，形成一个指导策略却不用花那么长时间。还记得我第一次看到女儿能够很好地处理情绪与理智之间的冲突时，我为自己感到脸红。

那天，因为一件琐事家里开始激烈争吵，一时间氛围有些紧张，大家明显都情绪紧绷。突然，一个非常稚嫩的声音说道："给我点时间，我需要想一想。"我们所有人都定住了。女儿就安静地坐在那里，我们也没看见她有什么动作。她太小了，我都不确定她知不知道自己在说什么——后来事实证明，她知道。我们都重新调整了情绪，接下来的谈话就心平气和多了。

　　现在我的女儿们都十几岁了，她们可以更好地处理这种问题，会在自己当下的情绪与有帮助的做法之间建立好平衡。她们遇到事也许会暂停一下，从书包里拿出吃了一半的零食，也许会摇下车窗，或者是去逗宠物玩。我的女儿们帮助我意识到讨论有关压力问题的核心：不管我们面临的是什么，不管我们对当下的情况是什么感受，归根到底还是需要自己去灵活处理。如果我们还没有想好处理方法，那就暂停一下再重新开始。

有效地回应

　　有时候我们只需不到一秒的时间就能做出有效的回应，而有时候则要花上几年才能给出一个像样的回应。我们还是要回到现实，认识到自己要做选择，不得不或者**主动**做出选择（根据你自己的情况，可以是自愿的，也可以是不情愿的）。虽然很大程度上社会压力、责任以及生活环境都会对我们造成影响，但是我们最终还是要自己决定每时每刻的想法、谈吐以及行为。

　　那些无数的瞬间连在一起也就构成了我们的生活，那些我们为自己（有时候也代表家族或民族）做出选择的或大或小的瞬间，久而久之促成了我们的自由与解放。作家琼·狄迪恩（Joan Didion）曾说："承受个人生命责任的意愿即是自尊自重的源泉。"

一旦我们发现在个人可控范围内出现了压力，我们就要问问自己：

● 我就一直这样下去吗，还是说我该做出一些改变？（当然我们要明白，不管选择哪一种处理方式，都要做好对结果负责的准备。）

● 这种情况下，我能做点什么来消除或减轻伤害？

● 我该做什么才能让情况有所好转？

我特别敬佩我邻居的老板，他有一次面临这种情况时就处理得很好。我的邻居在盖茨基金会任职，身居高位。该基金会向来准给员工一年的产假，但对领导层而言，因为职责重大，应对起来有些微妙。当我邻居告诉老板她怀孕的事情，并向老板提出自己预计开始休假的时间后，老板低下头深深吸了一口气，又缓缓吐出来，随后抬起头来看向我的邻居，冲她笑了笑，真诚地说道："恭喜啊，我真替你高兴。"

如果我们可以看到自己能做什么，而不是纠结自己不能做什么，那实在是太难得了，因为这样既能体现尊严，又能

彰显格局。作家马尔科姆·格拉德威尔（Malcolm Gladwell）
向我们讲述了费农·乔丹（Vernon Jordan）的故事。

1961年，费农和其他民权律师留在佐治亚州，日日夜夜
都在为了给一个黑人小伙做辩护忙前忙后，但是这期间他们却
一直被人戴着有色眼镜看待，遭受了很多不公平待遇。每天
中午，他们都在法院外的车里啃红肠三明治，而法官、对方
律师和法院官员却在广场上那些只允许白人出入的餐厅用餐。

一天，有位女士默默走到法院门口，招呼费农·乔丹从
门廊上下来，她要邀请乔丹去她家里吃午饭。这位女士和邻
居们一起准备了一桌丰盛的菜肴。费农·乔丹还透露这家的
男主人在饭前祷告："主啊，这里是塔特纳尔县，虽然我们自
己不能加入全国有色人种协进会（NAACP），但是感谢主赐
下的食物，我们至少可以请那些律师饱餐一顿。"

只要给出了选项，我们做选择的权利就受到了限制。就
算我们努力（或者不努力）把选项变得更加公平、更加人性、
更加公正、更加广泛，我们在这个过程中还是一直在做选择。
工会领袖、民权运动家多洛雷斯·胡塔（Dolores Huerta）曾
经说过："每个瞬间都是蓄势待发的机会，每个人都是潜在的
活动家，每一分钟我们都有改变世界的希望。"

然而，我们也要明白，我们做出的各种选择之间也可能

会互相冲突。这不仅会对我们自己产生影响，也会对外部造成影响。我们做出的选择大多是为了减少对自身的伤害，但不可避免的是，他人不一定认同这些选择，甚至不理解、不尊重这些选择。每个人一生中都有一些时刻，做出的决定确实既对得起自己，又不会对他人造成任何伤害。但即便如此，还是会有人认为我们做出的决定威胁到了他的利益，破坏了他对我们的印象，因此彼此的关系也一落千丈。这种时候，我们能做的就是把眼光放长远。要记住，尽管海面波涛汹涌，海底依然宁静。

如果我们能够熟练地掌控自己的情感，就会发现谨慎寻找前进的方向非常重要，这样我们可以避免压力，或者减轻压力，至少不会再有强烈的窒息感。然而我们要清楚，尽管生活中处处是压力，也可以试着去学习让自己不受影响。这很重要，你是选择仅仅作为这种生活的旁观者，还是选择成为受害者，任其捆绑、任其吞噬？

有的人经历过种族隔离、大屠杀，也有人曾是战犯、受过严刑拷打，从他们的故事里我们可以知道，虽然外界造成的痛苦几近不可承受，我们始终可以追寻内心深处的自体感。

努尔·易卜拉欣（Noor Ebrahim）来自南非开普敦，他小时候亲眼见到自己的家园被夷为平地。努尔住在开普敦第六区，那里居住着各类人群，有移民、商人、被释放的奴隶、工人，也有艺术家。努尔是家里的第四代。20世纪六七十年代南非政府实行种族隔离政策，犯下恶行无数，6万居民惨遭强行驱逐——第六区也被彻底摧毁。

40多年过去了，如今努尔在第六区博物馆工作，他想让游客们了解这里曾发生过的罪行。博物馆里有一整面墙用来展出从当时保留下来的路标，努尔就是在这里向我讲述了他的故事。努尔向我解释，当时坚持种族隔离的政府命令必须毁掉第六区的所有设施，但是一个负责拆毁工作的工头尽其所能保留了一些东西，他偷偷收集了街道上的路标，藏在自家地下室里。几年以后，这位工头把路标捐赠出去，因为那些路标见证了那次残忍的暴行，也承载了人们的信念——纪念南非同胞的骨气与正直。

对有的幸存者来说，想要保留内心深处的自体感，就意味着时刻铭记奉献他人的喜悦。对其他幸存者来说，可能意味着永远不要丢失幽默感。也有幸存者认为不要心存恨意，哪怕对敌人也是如此。这些人的故事告诉我们，要想保留内心的自体感，宽容、喜悦、善良这些品质是多么不可或缺。

当然，我们普通人也有自己的故事。若是有人问起我"你是干什么的？"我早就学会了含糊其辞。但是一次旅途中，有位出租车司机非常执着地打探我的工作。知道我的职业后，他向我分享他父亲有家暴倾向，经常对家人恶语相加，整个大家庭都深受父亲的影响，极其痛苦。但是说着说着，司机停了一下，又接着说："面对这样的人，你只能同情、怜悯他。"

我再也不相信我们有资格说自己可以不管不顾。这是我们亲手创造的世界，我们当然要努力好好生活。

——詹姆斯·鲍德温（James Baldwin），作家

创造条件

如果想要做到一直精神抖擞、出类拔萃——在各种层面都要如此——就要求我们时时刻刻学习如何从内部化解内心的情绪。需要再次强调的是，在压力面前，我们要学会调整，时常问问自己：我能做点什么来避免造成伤害？我该怎么做——不管我的选择是什么——才算是有用、聪明的做法？这两个问题至关重要，值得我们每天思考。

这种做法被佛教称为"创造条件"。显然，尽管有时候

有些事情个人或集体都无法掌控——当然更多时候是我们可以掌控的情况，佛教传统依然强调要去创造条件，以此来减轻痛苦，尽力做到言行妥当。如果我们想保持好的状态，就要不断追求内心的平静，努力做到遇事泰然处之。就像苏菲派诗人哈菲兹（Hafiz）写的那样："努力吧，为了自己，一定要倾尽全力。"

无论我们的经历有多么痛苦，那只是些痛苦的经历，随之而来的反感或恨意却是我们主动附加上去的。这种看法与我们平常看待生活的方式完全相反。佛学大师阿姜查（Ajahn Chah）说："我们通常认为是外界的问题主动攻击我们。"只有那时我们才会感到痛苦。如果我们每次遇到问题都回应以恨意或厌恶，那么这种消极情绪就会变成常态。这种消极心态就像失去作用的自体免疫式的回应，并不能保护我们；相反，正是这种消极回应使得我们长期郁郁寡欢。

积极健康地回应痛苦与恐惧的办法就是树立意识……事情发生的当下我们可能会有各种各样的情感体验，事后也要做出回应，我们可以做的就是

学会留意这两者之间的差异。我们可以进入本能
与行动之间的空间，也可以进入冲动与回应之间的
地带。

——杰克·康菲尔德（Jack Kornfield），作家

　　我会在接下来的章节里深入探讨造成压力的因素：不在
我们个人掌控内的因素，在我们个人掌控内的因素，以及我
们该如何应对压力，等等。在我看来，个人或集体产生压力
或紧张情绪的原因数不胜数，有些人可能天生容易感到紧张，
有的则是因为健康原因，还有的是因为正在经受各种关系
（家庭关系、社区关系、学校以及工作上的关系）和环境（经
济环境、气候危机、社会结构以及世界形势）上的压迫与创
伤，而这种压迫与创伤是持续的、代际的。

　　以上每个因素都有可能激起我们心中的压力感，但是面
临上述各种情况时，我们都可以问问自己：我应该做什么来
缓解当前的局面？我正在采取的应对措施是什么？我清楚这
种情况对自己和他人造成的伤害吗？我现在正在加剧这种伤
害还是缓解、避免这种伤害呢？

　　　如今，人们好像一直都在为一场史诗般的战

斗全副武装：活着。一天结束后，我们一路慢跑回家，到家门口时，我们每个人都像电影里的拳王洛奇一样，战胜最后一级台阶、达到巅峰时大声唱道："这正是一个男人求生的欲望！"我们扯掉塞在耳朵里的耳机，像是终于大获全胜。我们做到了！离死亡又近了一天！

　　　　　　　　　——阿曼达·皮特鲁希（Amanda Petrusich），

　　　　　　　　　　　　　　　　　　记者、作家

　　我从工作和生活中观察到，一方面，人们通常由于得到承认、得到认可、得到证实而获得一种解脱，另一方面，人们又真的十分需要——有时这种需要异常强烈——摆脱同情和共情的情绪，真正行动起来，这两者之间有种微妙的平衡。或许只有亲身经历过，才能彻底明白上文提到的那些情况造成的伤害是什么，而真正动手做些事情来缓解伤害，通常才能带来最令人满意的解脱感。也许很多人觉得这两者之间存在张力或者矛盾，尽管它们本身并不存在矛盾。

　　以我的经验，停下脚步、留意学习、领会吸收、找到解决方法这四个阶段构成了不间断的波动曲线。我们必须找到这四者的优先顺序。解决办法不是用来麻痹自己的，尤其是在我们想采取行动时，或者当我们迷失在无数需要解决的事情中时。有时候放自己一马才最有帮助，也要明白感受与行动二者之间的关系并不是排他的——虽然胆小的人很难用心做事。

我的朋友杰伊·沃德向我倾诉了他十分悲痛的经历。一连几个星期他都承受着极大的痛苦——他的整个世界轰然倒塌，这种痛苦在不断延伸、撕扯——因为他的哥哥亚当·沃德被杀害了。

亚当是新闻节目摄影师，他与一位记者同事在一场枪杀案中遇害，这场可怕的悲剧恰好被被电视直播记录下来。随后一段时间内，杰伊和家人几近崩溃，试图消化这场悲剧，但是同时他们不断受到侵扰，普通民众、社团组织以及媒体都希望他们可以走到聚光灯前发表看法，但是他们当时不愿意也没有选择面向大众发声。

失去哥哥之后的几天、几周甚至几年间，杰伊一方面不得不保护自己和家人的隐私，另一方面又必须面向公众宣传枪支安全问题。显然，他们一家人一直都在学着处理感受与行动二者之间的关系，而这个过程并不轻松。

即使没有承受过如此强烈的痛苦，或许也可以对杰伊的经历产生共鸣。生而为人，也许我们都很熟悉这种场景：大

脑里同时有两种声音，"发生了什么？""我该怎么办？"二者
此起彼落。这么多年来，我身边有一些人在遭遇不幸甚至悲
剧后，坚强地挺了过来。也有一些人无论面对长期的挑战还
是瞬间的心碎，都能整理好心绪，渡过难关。我会在本书里
怀着深深的敬意分享他们的故事，也会分享我自己的体悟，
总结出一些模式或做法，详细地告诉大家该如何应对压力。

第一章

什么是压力？

"你酗酒的概率会更大一些。你更有可能离婚。你还有可能思考自杀、企图自杀或是真的自杀。"州立警察学校的课堂上，工作人员正在分析我在新工作中可能会遭受的创伤。

"胡扯！"这就是我听到这些话的第一反应。他说的绝对不是我。可能是我后排那个不说话的人，但绝不是我，我过得可挺好。

从警校毕业的时候我在班上名列前茅，后来工作顺利，几年后又出色地完成了一项特殊任务。我真是过得太顺了。最终，我的好运止步于一家杂货商店。

那天是周五，我要开始过周末了。通常情况下，我会去一趟杂货店，拿包薯片，买上我最喜欢的啤酒。整个过程最多花 3 分钟。我向快速购物通道走去，那是为购买不超过 10 件商品的顾客准备的。突然，有个推着购物车的男人抢到了我前面。没关系，那我也只是稍微晚一点结账而已。但是当我看到他购物车里的东西，我就不这么想了。你这个混蛋！你购物车里有12件商品，你不识字吗？你不知道最起码的社会公德吗？你毁了我的整个时间安排！深呼吸……深呼吸……算了。我努力说服自己。但是，什么？你刚刚是不是从包里拿出一厚沓优惠券，准备慢慢找可以用哪几种？你这个混蛋，实在是难以置信。我幻想你掏出一把枪抵在收银员头上，让他把钱拿出来。好了，就是现在！我放下啤酒，撩起衣服，从腰间抽出了手枪，整套动作一气呵成。我离你很近，瞄准你的太阳穴打了两枪，眼看你瘫倒在地，没了呼吸。

我在车里坐了10分钟才开车上路，依然气得双手发抖。但是同时我却有一种奇怪的满足感，还有些兴奋。我刚刚失控了，就因为别人购物车里的12件商品。

我现在怎么样了？每天泡在酒坛子里，婚姻也在25周年纪念日前一个月结束了。我从没有想过自杀，更没有试图自杀。但是我再也不能对当初警校工作人员的那些话置若罔闻了。

——某副警长

压力有很多种表现形式。它是一种持续的状态，事实上，很多人都在面对不同程度的压力，但我们只是把压力当作一种面对事情时的自然反应——我们有时会产生疑虑，经常会产生情绪波动，或者在生活中感受到强烈的绝望。压力的到来就像黄昏来临，我们还没意识到，眼睛就已经开始慢慢调整适应了。

个人压力

压力会伪装成多种模样从我们身体里冒出来。《福布斯》杂志 2015 年做了一项全球调查，结果显示，在 3 000 个调查对象中，有 14% 透露自己长期感受到压力。2017 年，世界卫生组织指出，全球范围内，抑郁是导致身体疾病和残疾的首要因素。

人能从很早就开始感受到压力。压力好像在学校里尤其常见，我身边的一些学生经常说的一句话就是"我压力太大了"。很不幸，科学研究证实了这一点。2017 年有一篇题为《为什么现在的美国青少年是焦虑情绪最严重的一代？》的文章，作者伯努瓦·刘易斯（Benoit Lewis）在文中写道："过去十年间，因为自杀被送往医院的青少年比以往多了一倍，事发最高峰正是每年秋天学生返校的时候。美国全国大学生健康协会每年都会针对学生群体做调查，发现大学生反映感到'压力、焦虑'的人数有所增加——2011 年占比为 52%，2016 年则上升为 62%。"

上班族的情况同样糟糕。我永远不会忘记那一天，有家公司请我去给员工做咨询，了解他们在工作上有什么压力。我和员工们坐下来，看到一个年轻人脸颊上淌着两行泪水。过了一会儿，他终于发言了，他缓缓地说："我觉得每一天我都必须杀死一部分自我才能完成这份工作。每一天都是如此。"

不管造成压力的原因是什么，个人面临压力时一个很大的挑战就是，我们很难意识到或者持续意识到自己在面临压力。如果我们总是能认清自己目前的状态，并且心中有数，那这个问题就简单多了，可惜大部分人并非如此。压力是一种持续的状态，有人可能只是偶尔感到情绪的波动，可以自行调整好后继续正常生活，但有人就可能几年里都在挣扎着活下去。或者，你可能有过这种经历：在某一个平凡得不能再平凡的瞬间，你突然有了某种顿悟——意识到自己现在心中承受着巨大压力，或者意识到自己现在一身轻松，但是记起以前自己确实经历过被压力吞噬的时刻。

有一天我俯下身去亲吻睡着的孩子，突然有了这种顿悟："我现在可是十分轻松，没有压力。"但当我站起身的时候，过去很长一段时间承受的种种突然向我袭来。

我的记忆飞回到 13 岁的那个下午，我妈妈去世了。当时我的头脑一片空白，在街上漫无目的地走着。社区活动中心一位优秀又善良的姐姐通过向其他人打听，在街上找到了我。她一见到我就给了我一个大大的、温暖的拥抱。接着她往后退了一步，握住我的肩膀，看向我的眼睛对我说："你还没缓过来。你可能一段时间内都缓不过来，这很正常，没关系。每个人在这种时刻都会这样，真的没关系。"

我一直记得她对我说的这段话，这些年来，我变成了受邀去帮助别人的人，在无数次交谈中，那段话一直存留在我脑海中。如果你身边有人突然被巨大压力压得喘不上气，或者有人长期承受压力，那么你主动与他们交流，防止他们封闭自己，就是对他们最大的帮助。有时候，我们需要做的就是帮助他人认识到自己所处的状态就是被压力侵袭的状态。

当然，也有另一种情况。你必须得一直承受那些压力，只有体验到极致，才会知道那些压力对自己影响有多深。我记得有一次和几位中学老师开会，当时他们的一个年轻同事刚刚在一起事故中失去了父亲，我们在商量该怎么安慰他。连续几个小时过去了，我们想了各种方法。会议中途，有位老师说着说着突然停了，大家也都不说话了，他又接着说："事实是，这一家人这段时间内根本就没意识到自己失去了什么。"

我们经历灾难时就是这种情况。当然，我们都知道灾难带来的后果十分严重，但是慢慢意识到自己正在承受巨大压力的这个过程更为煎熬。前白宫副幕僚长艾丽莎·马斯特罗莫纳科（Alyssa Mastromonaco）就证明了这种观点，她认为政府给民众以真诚、有效的回应对缓解民众压力十分重要。飓风"哈维"登陆几天后，她曾经说过："此时此刻，大家都在庆幸自己还活着、家人还活着。但是，可能几天过后，或者过一会儿，我也说不准，大家就会突然崩溃：'我的家呢？我想回家！'"

身体从未忘记：如果关于创伤的记忆化作身体的感觉，化作令人崩溃、痛心的情感，化作自体免疫疾病，或者化作骨骼或肌肉的不适，如果思想、大脑与身体三者之间的沟通才是调整这种状态的捷

径，就说明我们要彻底调整治疗方案了……治疗阶
段的难点就是重新建立起这样一种感觉：身体是属
于自己的，思想是属于自己的——自我是属于自己
的。这就意味着我们要尽情感知生活、感受生活，
同时又不会感到被压得喘不上气，不会感到愤怒、
羞愧，也不会濒临崩溃。

——巴塞尔·范德考克（Bessel van der Kolk），

TTC 创始人、医疗总监

值得反复强调的一点就是，每个人都应该提高认识，意
识到自己所处的状态、面临的压力。我的同事对我说，她根
本不知道自己常把内心的纠结与压力挂在脸上，直到有一天
她三岁的孩子问她："妈妈，你的脸怎么了？"

我现在依然惊讶于自己有时还是意识不到正在承受的压
力。有一天我去看女儿的篮球比赛，坐在一片特别热闹的区
域。正好那段时间发生了几起学校和社区枪击事件，我一直给
那些遇害者的家人、朋友做咨询。我知道那段时间自己有点
疲惫，但是没意识到自己心里承受着巨大压力，直到比赛第

一节时，有几个狂热的球迷大喊："嘿！看着点儿对方的射手
（shooter）！"每次对方要投篮的时候，他们都要喊上一句。每
当听到"射手"一词时，我就心跳加速、浑身发热。（"shooter"
也指开枪杀人的枪手。——译注）我尝试着舒缓自己的情绪，
用上了学过的每一种小技巧。但到第二节时，我不得不换个
地方，还可以看到球场，但是能远离那些叫喊的球迷。

　　有时候，一旦某些事情刺激到我们的神经系统，想要缓
过来那就太难了。那天晚上，好多人睡前想的肯定是那些绝
妙的三分球、出色的防守，但是我呢？好几天后，我的脑海
里才不再回响那句"嘿！看着点儿对方的射手！"

人际关系压力与家庭压力

　　人际关系和家庭产生的压力通常很难评估，因为我们好
多人都太过擅长假装自己的人生一切顺利，也因为有太多人
（有意或无意地）在社交媒体上开展自我炫耀竞赛。社交媒体
很复杂，它们带来了许多好处，我们有了更多展现自我的机
会，也多了和他人交流的渠道。尽管从表面来看，别人的生
活都是那么完美幸福，但我们往往对他们内心真正的状态一
无所知。

不少人都有类似的体验：看到别人周六晚上都去狂欢，别人时不时就去度假，别人的恋人都那么完美，别人的孩子都是最棒的，就会产生一种越来越强烈的孤独感与挫败感。人们认为呈现给外人的必须是最完美的状态，而造成这种心态的不只是社交媒体。也可能因为同一社区的某一家过得很好，我们会有压力，想追赶上去；或者是移民、难民、住政府廉租房的人以及做社区服务工作的有前科的人所面临的种种审查，由此可见，想达到外部的期望，所面临的困难真是一重又一重。

一代人与另一代人之间永远都会有矛盾。戈特曼研究所的一项研究表明："67%的夫妻在刚生完孩子的前三年关系都会恶化。"年纪越大，夫妻关系和家庭关系就会越复杂。在我工作期间，大家谈到最多的一件事就是生活真的很不好过，因为他们一边努力权衡自己的需要和子女的需要，一边又要照顾上了年纪的父母，关心生活不如意的兄弟姐妹或是其他需要帮助的家庭成员。

30多年来，我有幸能在工作中接触一些年轻人，但是近期他们在各种关系中——与同学朋友、与家人、与其他成年

人的关系中——所承受的压力是我之前没见过的。在当今社
会成长起来的年轻人与父母和长辈的关系真的十分紧张。对
有些家庭来说，甚至可以用剑拔弩张来形容，有可能你父母
和你成长环境差别很大，有可能父母不认同你的性取向或者
性别认同，这些都让你没有安全感，不仅进入社会没有安全
感，甚至在本应温馨和谐的家里都不能心安。

群体压力与社会压力

终于，我们谈到了群体压力与社会压力，有些人因为这
些压力举步维艰，而有些人甚至因此万念俱灰。不管是因为
环境问题还是人为事件，我们都不能低估生活在一个负重前
行的群体或社会中对自己造成的影响。

我住的地方颇受自然母亲的青睐，环境十分优美，我对
环境事业也非常感兴趣。我认识一些该领域的工作者，他们
敬业的态度令人钦佩，但是他们身上担负的责任也十分重大。
有的群体在为可再生能源和绿色食品东奔西走，有的群体在
想办法解决海洋酸化和有毒废物问题。对于从事相关工作的

人来说，工作负担重，导致他们容易产生压力和负面情绪。

环境污染正在深刻影响家庭和社群生活，给集体造成了巨大压力。密歇根州弗林特地区的饮用水中铅含量超标，已经给当地的家庭造成了毁灭性的身心伤害，有人甚至因此丧命。可能几十年内大家都不能完全了解这些逝去的生命意味着什么。

很多群体都会因为缺乏与大自然的接触而导致身体健康问题，或者因此产生心理上的压力等。作家理查德·洛夫（Richard Louv）说过："自然缺失症不是一种可以诊断出来的疾病，而是因为缺乏与自然的接触，从而出现心理、身体以及认知的问题，这在仍处于成长阶段的孩子身上尤为明显。"此外，欧洲环境政策研究所的一篇报告指出，缺乏与大自然接触的人与那些常常接触大自然的人相比，精神健康水平存在很大差距。

与自然环境亲近与否也涉及种族平等问题。在美国一些城市，居民会因为自己的种族而在一些环境中受到不公平待遇（包括银行、保险、医疗保健和超市等）。很多有色人种都受到类似的种族歧视，他们的住处也因此被安排到离重工业工厂很近的街区，他们住处周围的公园或绿地很少，甚至没有。

佛罗里达州奥兰多市的帕拉摩尔街区就是一个鲜活的例子。帕拉摩尔本来在不断发展，各行各业发展良好，经济走势也十分不错，但是市政府突然颁布了对有色人种市民不利的公共政策。政府出资建造住宅，只供贫困的黑人家庭居住。除此之外，还建了一条州际公路——这是划分等级和种族的标志——使本来居住在帕拉摩尔街区的家庭不得不另寻居所，帕拉摩尔与奥兰多市中心被隔离开来。该街区被公路包围，空气和噪声污染十分严重，自然也导致了许多健康问题，这些情况都使该街区的居民产生了巨大的心理压力。

　　朱莉亚·克雷文（Julia Craven）在一篇文章中描写了格里芬公园的糟糕情况，那是帕拉摩尔街区的一个政府住房项目。"格里芬公园污染严重，帕拉摩尔街区居民收入低下，这也是一种暴力，但是大部分美国人都视而不见。但这绝对是蓄意为之，也是一种政治倾向，就像其他任何更明显的种族暴力事件一样。格里芬公园发生的一切是一个世纪以来政府做出的一系列选择的最终结果，是种族隔离的衍生形态，变成了人们每天需要呼吸的空气而已。"克雷文还表示："种族隔离政策依然存在，颁布住房、区域政策，建造高速公路来固化已有的种族边界，这些举措都表明种族隔离依然根深蒂固。这不是一种偶然的结果，而是蓄意为之。"

一些群体过去发展良好，如今却有越来越多的人无家可归，摆在眼前的还有滞后的学校体制以及越来越严重的药物危机。城市里实行的绅士化进程正在驱逐本已安定下来的低收入少数族裔居民。有些地方的工厂和矿井被迫关闭，但政府却没有出台有效的公共政策，诸多农场也被合并在一起，这些都使小城镇和农村居民的生活水平一落千丈。

这些被边缘化的人群正在费力养活自己，全世界有类似经历的人都在酝酿越来越明显的消极情绪，比如焦虑、抑郁和愤怒等。肯塔基州议员约翰·亚穆斯（John Yarmuth）有一次接受社会活动家德雷·麦克森（DeRay McKesson）的采访，他说："肯塔基州最严重的问题就是药物危机。如今在我所处的区，药物危机是头号健康杀手，那里平均每天有一人因为服药过量死亡。这种现状太可怕了。前几天刚公布的一项数据显示，过去四年半的时间里，单是我所在的区就开出了 1.97 亿粒的止痛片——算下来大概是每人 250 粒。"

移民和难民等被视为"另类"的群体经常更容易感到压力，因为一个又一个国家的公民总是把恐惧和愤怒这种情绪转移到他们身上。显然，这些人已经承受够多了，他们必须从自己动荡的国家逃离出来，终于来到本以为或者希望可以喘口气的地方，但是没想到，他们只不过又成为另一种迫害的目标。

　　还有一种生活在绝望中的群体就是曾经遭受过暴力的人群，无论是频发的个体暴力事件还是大规模的攻击事件。虽然事后人们会继续生活，看起来已经恢复正常，但是我们一定要明白，比起一直提醒自己忘记伤痛向前看，人总是更容易受到创伤的持续性折磨。某所学校的老师和行政人员几年前经历了校园惨案，我和他们聊天的时候，一位老师非常痛苦地说："我们还是常常记起当年那 6 分钟，真的太煎熬了。"

第二章

什么造成了压力？

让我们感受到压力的因素有很多，现在来剖析其中的几个，但重点是，我们每个人都有可能感受到压力，不管是因为遗传问题，还是无意间陷入压力，或者压力就那么突如其来砸到我们身上。压力如海浪般从四面八方涌来，如果我们能意识到这种现象，就能更有效地处理这些大浪，可以对自己更宽容。而且如果我们足够幸运的话，也可以更加从容地面对。

在谈论造成压力的种种因素时，我们可能不会对自己和他人特别谦虚、慈悲。我在工作中遇到过很多创伤幸存者，从他们身上，我一次又一次地认识到我们的感受真的因人而异，十分主观，无论是有人觉得自己已用尽了最后一丝力气，还是有人确确实实觉得受到了创伤。精神科医生马克·爱普斯坦（Mark Epstein）告诉我们："创伤不只是遭遇大灾祸的后果，不是只有一部分人才会受到创伤。创伤的暗流涌动在我们每个人的日常生活中，充满不确定性。"

外部因素和内部因素

表观遗传学

新兴学科表观遗传学的研究基础就是外在环境因素——包括瘟疫与污染，也包括饥荒与战争，它不仅可以影响个人的身体状况，也可以影响后代的 DNA，其中就包括是否容易感受到压力。任职于伦敦大学学院与布里斯托大学的遗传学家马库斯·彭布雷（Marcus Pembrey）教授指出："表观遗传学强调的是基因表达发生变化，但是基因本身不会发生改变。"

大量研究表明，童年时期的长期压力会造成持久影响，我们的基因表达也会因此发生变化。耶鲁医学院儿童与青少年研究教育项目的负责人琼恩·考夫曼（Joan Kaufman）做了相关研究，她收集了一些受过创伤的儿童的唾液。由于受到父母的虐待或不管不顾，那些儿童从小被迫与父母分开，考夫曼对唾液中的 DNA 进行分析并将其与对照组的唾液相比较。结果显示，幼儿时期处于不利环境的儿童，其 DNA 与 23 对染色体上出现约 3 000 种表观遗传学变异。科学家认为这些变异源于不断起伏变化的"战或逃"激素水平，因为那些孩子经常处于危机之中，从而对他们应对压力的能力形成产生了不利影响。威斯康星大学儿童情绪研究实验室负责人、心理学教授赛斯·波拉克（Seth Pollak）进一步得出了相关结论，他认为创伤、虐待或忽视这些行为会破坏人体相关基因，该基因负责在压力面前安抚内在的报警系统。波拉克说："就像是一组重要的刹车装置坏了。"

表观遗传学还认为环境因素或创伤经历会改变 DNA，同时，也会遗传给后代。所以有些人就算自己没有受过极大的压力或是没有经历过创伤，但是他们也会有相关的基因表达。

西奈山创伤应激研究组织负责人瑞秋·耶胡达（Rachel Yehuda）博士认为："表观遗传带来的基因上的变化通常会使后代经历与父母类似的事件。"她所在的团队以大屠杀幸存者及其子女为研究对象，发现在幸存者身上，创伤过后帮助身体恢复正常的相关激素水平低于对照组。而且，他们后代的相关激素水平同样低于正常人，这就表明他们的子女更容易患焦虑性障碍。对饥荒幸存者和 9·11 事件幸存者及其后代的研究也得出了类似结论。

北卡罗莱纳大学教堂山分校的心理学家芭芭拉·弗雷德里克森（Barbara Fredrickson）提出了另一个逻辑性问题："如果压力情绪（包括孤独）会导致产生不利于发展的基因

组,那么如果一个人保持持续性的积极情绪,会产生相反
的结果吗?"弗雷德里克森与加州大学洛杉矶分校的医学教
授史蒂夫·科尔(Steve Cole)联手做了一项研究,试图找
到亚里士多德式幸福(亚里士多德认为幸福不仅仅是一种
感觉,还是一种实践——幸福是意义,幸福是目的)对个人
身体健康的影响。弗雷德里克森认为幸福的关键一点就是**联
系**。"幸福指的是超越即时自我满足,与大家共同达到更高的
层面。"

弗雷德里克森和科尔的研究数据表明,总体来说,一个
人的幸福感确实会对精神和身体健康产生可观的积极影响。
科尔表示:"幸福感强的人群与脱离社会的人群具有相反的基
因图谱:幸福感强的人群抗病毒反应强,炎症水平低。"科尔
还认为,实际上,应对压力需要我们"以长期的身体健康为
代价,来换取短期内的有效结果"。如果一个人压力过大或
是缺少幸福感,那么他的基因组成会显示出来。但是,这种
基因对后代的影响目前还没有定论。

跨代压迫与跨代创伤

跨代压迫与跨代创伤指的是一些历史遗留问题传递给了
后代,并对其产生显著影响,其中包括殖民问题、边缘化问

题以及历史性创伤。痛苦通常是通过以下表现形式直接由长辈传递给孩子的：无意识性焦虑、创伤后应激障碍、自行用药和滥用药物、不当的教育方法、挑战性行为以及暴力。

上文提到，依表观遗传学来看，创伤是可以遗传的，而相关的科学依据也越来越丰富。通常，随着科学发现的到来，会有更多的现象符合这种科学发现，大量实验证据表明一些群体几代以来都存在跨代创伤现象，而这种现象正好可以用新兴的表观遗传学观点解释。教育工作者、研究员谢伊·罗比森（Shea Robison）指出，在印第安文化中，很明显，先辈的经历对后代产生了深远的影响，传递给一代又一代人。

2016 年，印第安苏族拉科塔部落的一个青年组织在立岩（Standing Rock）保留区扎下营地，抗议达科他输油管道建设，此事件引发人们对印第安青年群体的广泛关注。该组织最初是为了阻止部落里一股青少年自杀潮而成立的。其成员在受访时追溯了部落经受过的贫穷、暴力与药物滥用的历史，又诉说了充斥在群体中代代相传的无助感。该组织的活动家艾琳·怀斯（Eryn Wise）说："没有人知道殖民带来的后果是什么，没有人知道被驱逐的感受是什么。""受到的迫害流淌我们的血液之中。"雅思林·查尔杰（Jasilyn Charger）说道，她是该青年组织的创始成员之一。这些青年试图克服创伤，他们想要改变自己的未来，想要改变民族的未来。查尔杰解释了他们的理念："学会原谅，付诸行动，让子孙后代不再经受这些压力。我们不想让自己的孩子继续感受这种沮丧和抑郁。"

有些群体正在解决创伤和压迫带来的长期影响，而对另一些群体来说，问题才刚刚开始。世界范围内的难民都受到精神创伤的影响，这已经不是新鲜事了。这些创伤对后代产生的长期影响还无从定论，但可以明确的是，由于难民群体精神健康问题所遭受的社会污名化，再加上没有足够的精神健康专家愿意帮助那些难民，要想解决难民群体的精神压力问题，确实难上加难。

体制压迫与内在压迫

如果压迫已经被写入法律，或是整合到了社会体制的运行当中——大家普遍认为某种群体是低下的——那么，压迫就变成了体制压迫。内在压迫则指的是，受压迫的人自己慢慢相信那些偏见，并默默接受随之而来的压迫。这些偏见存在于我们生活中时时刻刻发生的交谈与交往中，让我们的社会长时间深受其害，令人痛心。

压迫可能发生在一瞬间，但影响却是连续不断的，消化这些压迫会对人造成严重伤害。当我看到年轻人也会有偏见、也会施加压迫，就会更加心痛。一次家庭旅行中，我们出海所乘的船上有两个七八岁的小男孩。他俩一直说着笑着，浪声有些大，我们一开始没太注意。但是后来我听到一个小男孩鼓励另一个去触碰海浪。那个小男孩有些恼怒地回答："这种浪连**女孩**都敢碰，何况我！"他的声音怪异、单调，说出"女孩"二字时，语气加重且透露出嘲笑的意思。

我认识一位针灸师，从2001年起，他在美国的机场乘坐飞机时没有一次不被二次检查。他每次出现在机场，都要被带走审问，并重新检查一次。有一次我去了一家不常去的邮局，邮局所在的那片区域经常被人称作"那种街区"（居民多为黑人），那是在美国一个大城市里。邮局里一个白人职员小声对她的黑人同事说："记住不要递给顾客剪刀。"这句话本身听起来不算太过分。但是她接着用更小的声音说道："尤其是在**这个**邮局里。"她的同事礼貌地回复："哦！好的，好的。毕竟这是规矩……"那个白人职员接着说："对，每个邮局的规矩按理说都一样，但是我们这有特殊的规矩。"我在想，这位白人职员说话的时候有没有想到过会对同事心理造成的压力？

这些透露出压迫的瞬间已经足够令人担忧，不幸的是，这些瞬间当前已经扩张到体制层面，扩张到塑造制度和人际关系的大的层面。

虽然媒体（音乐、电视、电影）传播可能会加剧压迫现象，也可能会改善这种情况，但是现在确实有越来越多的媒体站出来挑战陈规、呼吁平等。看到演员道恩－林·加德纳（Dawn-Lyen Gardner）在电视剧《蔗糖女王》里分享自己的故事，我很欣慰。她讲述了自己从小到大受到的外部压迫和内在压迫，也讲述了自己治愈的过程，那时她正在和两个偶像一起工作：制片人奥普拉·温弗瑞（Oprah Winfrey）和导演艾娃·德约列（Ava DuVernay）。"作为一名黑人女性，我们承受着很多压力，我们必须完美，要坚强，要能撑起自己的世界。你必须得撑起来。在日常对话中，尤其在电视节目里，我们总是谈论自己看待事物、感受事物的不同之处，我想说的是，那些不同之处包括我们的脆弱，包括我们的不完美，包括我们的瑕疵。"

既然人们可以消化偏见和压迫带给自己的痛苦，那我们就更有必要每一天都为消解体制压迫贡献自己的力量——无论什么时候，无论什么方式。

健康状况

人的一生中，身体状况总是时好时坏。有些人不用特意做什么就能保持身体健康，但是总有一些人一辈子都在经受长期的健康问题导致的不痛快——无论是身体上的，还是精神上的，或者二者都有。许多人都既有身体问题，又有心理问题，无论他们是在应对糖尿病前期的症状，还是在想办法延缓衰老。但是，由健康状况引起的任何担心都有可能引发人的压力。

虽然有些健康问题个人控制不了，但还是有一些事情是我们可以掌控的。我们再次回顾一下遇到事情时自问的三个问题：我正在做些什么来缓解现在的局面？我清楚这种情况造成的伤害吗？我正在减轻伤害还是加剧伤害？

决定身体状况的一个重要因素和睡眠有关。国家睡眠基金会公布的一项民意测验显示，痛苦、压力和不佳的身体状况是导致睡眠时间减少、睡眠质量变差的关键因素。但是造成睡眠状况不佳的原因却不止于此。太多的人现在依然故意缩短睡眠时间。虽然有些人还记得小时候受过的睡前程序训练——从激烈活动过渡到平静活动；开启睡眠信号，慢慢安静下来、洗漱；换上睡衣；关灯前读一个睡前故事——但是越来越多的人已经把这种有效训练抛到了脑后。而我们也在承受相应的后果。

加州大学伯克利分校人类睡眠科学中心负责人马修·沃克（Matthew Walker）表示："我认为现代人出现睡眠不足情况的一个问题是，他们不太能想象自己在睡不够的状态下表现得有多糟糕。所以，当你主观地认为自己没事的时候，很不幸，那就客观地说明了你真实的状态。这有点像酒吧里喝醉的司机。他们已经喝了几杯烈酒，也喝了点啤酒，然后他们站起来说：'嗨，我没事！我能自己开车回家。'你当然会说：'不行，我知道你觉得自己没事，可以开车，但是请相信我。客观来说，你现在的状态不能开车。'关于睡眠也是类似的情况。所以，我觉得很多人都在一种睡不够的状态下生活，但是他们自己却没有意识到。这已经变成了一种很常见的现象。"我认识一位儿科医生，如果孩子父母或监护人的睡眠时间少于 6 个小时，她强烈建议他们不要开车载孩子出去。她非常坚定地认定这种情况就是在不利条件下开车，跟酒驾没什么两样。

通过睡眠，我们可以巩固记忆，可以把从瞬时记忆得来的碎片化信息及经历转化成长期记忆。如果没有睡眠，我们保存信息和记忆的能力会大幅下降，从而更容易感受到压力。

幸运的是，有一件事情或许可以教育大家睡眠有多重要，也可以整体上改变我们的睡眠文化。马修·卡特（Matthew Carter）博士是威廉姆斯学院的教授，他对我说："我经常见到睡眠不足的学生，尤其是每学期的后半段。每一学期的最后两周，在图书馆里不可能见不到趴在桌子上、蜷在椅子上睡觉的学生。更令人担忧的是，学生们好像把睡不够当成一种荣耀。他们都知道睡眠不足不好，但是如果他们能忙得熬夜的话，就会觉得自己非常努力，非常用功。"针对这种现象，卡特正在研究一种新型课程，帮助学生认识到睡眠在生命中的重要性。他说："我要用我现在的项目，尽我最大的努力纠正这种现象，帮助大家看清好睡眠与高效率的联系！"

前任陆军部长埃里克·范宁（Eric Fanning）也指出了军队里的一个变化："以前在军队里，说到睡觉，就像说到一个弱点一样。士兵巡逻的时候，司令自己也不睡觉。现在我们认识到，如果一个人睡眠不足，状态就不会好，所以现在我们告诉士兵，军队里一件大事就是睡眠。"

理论上说，大家似乎越来越关注充足睡眠的重要性，但是食品健康的重要性却没有吸引太多目光。虽然健康的食材随处可见，虽然商家一直宣扬健康的生活方式，虽然许多人总是在谈论自己的饮食计划或者瘦身策略，但总而言之，我们的饮食还是不健康。这一点已经由公共利益科学中心加以确认，该中心的报告指出："美国十大致死疾病的前四种都直接受饮食的影响：心脏疾病、癌症、中风以及糖尿病。"

我们完全可以做到吃得更加健康，完全可以做到控制食量、节约粮食，但是目前的主流文化并不支持或者推崇这种做法。由于人们不能持续性地意识到食物的重要性，致使自身处在一种持续性的受压状态。演员、电影制作人汤姆·汉克斯（Tom Hanks）在接受一次会诊后，医生告诉他，他完全可以控制好自己的 2 型糖尿病。汉克斯承认："把命运放在自己的手里真是一种可怕又危险的想法，这就意味着我只要付完钱，就要开始认真对待这件事了。"

所以，我们为什么总是选择不健康的食物呢？食品和药物管理局前局长大卫·凯斯勒（David Kessler）指出，加工食品中有过量的脂肪、糖、盐，这是为了使食品味道更好，也为了延长保质期。我们是这样陷入一个不健康循环的：我们压力大或者焦虑的时候，多油、多糖的垃圾食品可以满足大脑里的奖赏中枢（刺激愉悦的情感）。睡眠不足导致奖赏中枢更加活跃（想要更多的愉悦情感），但同时又减弱我们的执行功能，从而削弱我们的意志力。我们吃的垃圾食品越多，就越依赖于由此产生的愉悦感。

垃圾食品可能是最便于购买、最实惠、最节省时间的食物。毕竟，不是每个人都能买到不贵的水果、蔬菜、谷物和其他有营养的食物。许多美国人都居住在食物沙漠中——周围没有供应新鲜、营养食物的小超市，所以他们不得不去快餐店用餐或者去街角的便利店随便买点吃的。

像底特律这样的地方，据说超过一半的居民十年前还居住在食物沙漠，大家现在在想办法构建一种自给自足的社区，想办法改善当地的食物系统。比如，底特律北端社区的居民目前在试验一种合作社模式——与当地的农场合作，农场提供食物原材料，同时赋予社区居民更高的食物选择权，社区拥有了更多自主权。这就属于时下正在发展的"食品公平运动"，可以激励各个社区"行使种植、贩卖、食用食物的权利，那些食物新鲜、营养价值高、实惠、符合文化价值取向，由当地精心种植，有利于土地的可持续利用以及工人和动物的健康"。但是食品公平的追求也必须面对时间管理问题，如果要吃得健康，那么做饭、吃饭、饭后收拾打扫将耗费大量时间。

如今，很多家庭都认为自己不具备创造、保持一种健康饮食文化的能力，因为家庭结构发生了变化，也因为大人们都在为了养家同时做着多份工作。越来越多的美国人需要工作更长的时间，但还是拿着和以前一样的薪水。当前的经济形势也要求人们加大消费，买更多的东西，在更多东西上花心思，再加上各种科技产品，花在社交媒体上的大量时间等，显然，人们不太有时间慢慢做一顿饭。我们甚至都没时间慢慢吃饭。

　　一个上五年级的小学生告诉我，在学校，他们只有25分钟的时间吃午饭。这25分钟包括下课、走到储物柜、放下书本、排队等饭、拿到午饭、吃饭、拿上书本、准时上下一节课。同样，成年人的生活也很匆忙。越来越多的人都没有专门的吃饭时间。在西雅图，一边开车一边吃东西的情景随处可见，以至于政府颁布了相应的法律，试图减少此类使司机分心的行为。

　　我们完全可以向西班牙人学习，他们很注重自己做饭、全家人一起吃饭这个传统。在他们的文化里，关于食物，大家不仅注重营养价值，而且已经形成了一种根深蒂固的价值观，食物的意义在于整个过程：准备食材、分享食物以及一起离开饭桌。大家一起吃饭放松是一件很平常、很普遍的事情，所以这已经属于他们文化的一部分。在饭桌上，大家可以一起表达对大自然的感谢，对农民的感谢，对主厨者的感谢——这也是一个大家边吃饭边交流感情的好机会。

认识到电脑、电视以及社交媒体可能会对我们的精神健康造成影响也很重要。心理学家简·特温格（Jean Twenge）博士发表了一篇题为《智能手机已经毁掉一代人了吗？》的文章，文中把 1995—2012 年出生的人群称为"i 世代"。她写道："自从有了智能手机，青少年生活的方方面面都发生了巨大改变，无论是社会交往的性质，还是个人的精神健康。这些改变涉及全国的每一个年轻人，涉及每一家每一户。无论富有贫穷，无论种族差异，无论居住在城市还是村镇，每一个青少年都受到这种趋势的影响。只要有手机信号塔，就有青少年活在智能手机里。"特温格接着解释道："这不是夸张，i 世代的精神健康状况可能已经到了几十年来最坏的边缘……智能手机与社交媒体的兴起已经造成了百年不遇的'大地震'，也可能是前所未有的一次……各年龄层的青少年，感到自己被排挤的孩子的数量已经达到了历史新高，感到孤独的人群数量也有所增加，这种变化十分迅速，很值得注意。"

谈到孤独，成年人可能也在面临研究者所说的"孤独流行病"。杨百翰大学心理学教授朱利安尼·霍特－兰斯塔德（Julianne Hult-Lunstad）在全球范围内调查社交对健康状况的影响，他指出："充分的证据表明，社会孤立以及孤独感会使过早死亡的风险大幅提升，而这种风险远比其他健康指标更重要。"

我们的责任

家庭与团体

对一些人来说，家庭、原生团体以及早期的成长环境是他们人生的坚实基础，他们永远都可以从家人的慰藉中得到力量。而对其他人来说，情况则不是如此。对许多人来说，我们的家庭和团体带来两种复杂的情感：时而感激，时而心碎。

~~~~~~

长大后我们可能还陷在原生家庭以往的模式里，尽管那种模式早已不适合我们。比如，由于家里的特殊情况，一个孩子可能是照顾人的角色，可能是救援者的角色，可能是受害者、替罪羊的角色。长大后，那些角色可能会让人觉得不自然，甚至不能忍受，从而变成一种压力的来源。但是，再一次，我们需要客观地问问自己：这样做有帮助还是在拖后腿？如果没有改善情况，为了挺过去，我们需要行动起来缓解压力，打破那些固有的模式。

当然，我们在成长过程中都经历过最美好的时刻，也经历过最黑暗的时刻。正是这两种情况的结合，才使我们有了自己独一无二的优点和缺点。家庭和原生团体里光与影的阴阳两面塑造了我们真正的自己。我有一个同事从小生活在恐惧中，他对我说："对我来说，底线就是：生活很糟糕，也有一些美好的瞬间。四岁的时候我第一次见到公开处决是什么样子，所以那就是我的底线。"

除了我们摆脱不掉的原生家庭的影响，其他方面也存在一些在我们个人掌控范围内和掌控范围外的事情：我们的身体健康状况，对于充足睡眠和营养的选择，当前家庭、朋友和团体的情况。如果一个人的一生一直与家人、朋友保持稳定和持续的关系，那真是太幸福了，但更普遍的情况是，生活中的各种关系总是时而亲密，时而疏远。如果经历分分合合时，我们感到遗憾、悔恨等负面情绪，那么压力就会向我们袭来。就像杰克·康菲尔德（Jack Kornfield）说的那样：

"核心家庭这个说法是有来由的。"

在与家人和爱人的日常相处中，我们都想做到最好，因而很有压力，更不用说当我们失去所爱时的心情了。我认识一位父亲，他突然失去了自己 15 岁的儿子，正陷在无尽的悲痛之中。大家都以各种形式向他表达了支持。但是他提出了一项要求，我永远都记得那项要求：他想让儿子的朋友和同学们放学后来他家里的厨房做作业，就像他儿子过去常常做的那样。

压力所造成的影响往往不是线性表现的，所以这就给我们造成了额外的挑战。我女儿在近年接触了 5 起自杀事件。她高一那年，有位关系很好的同学自杀了，我女儿一整年都感到很悲痛，这样的感情时不时地会很强烈，尤其快到一周年忌日的时候，她越来越不能左右自己的情感。她想尽一切办法控制自己的情绪，但在她同学一周年忌日那天，我女儿在一场篮球赛中突然感到前所未有的悲伤，她崩溃了。她勉强撑过了比赛，但是一走下球场，就控制不住自己的眼泪，举止都无所适从。她看不清周遭的环境，听不到朋友的声音，她的样子几乎像一个严重脑震荡患者。悲伤就像滚滚波浪，我们控制不了。悲伤没有固定的模式，也不会逐渐加强或逐渐减弱。大浪后面可能还会有一连串小的浪花，但是巨浪却还没有到来。永远不要背朝大海。

学校

在我们童年或少年时，学校——虽然有机会上学是幸运的——也可能是一个培育竞争、恐吓、骚扰以及歧视的温床，一个产生压力的绝妙场所。

虽然无论在什么阶段，学术环境都不好应付，但是在美国，以往只有精英、接受过高等教育的人才能体会到的压力现在已经扩散到了中学生身上。找我咨询的客户，无论是由于复杂的社会原因（不合群问题、毒品以及酒精问题），还是学术压力，在谈到他们上学期间的压力问题时，每个人都有肢体上的反应。压力不仅来源于学校，还来源于围绕学校的整个社交媒体世界。我最小的女儿七年级毕业几天后，我们两人一起乘车，那时她还处于缓慢的解压阶段。我们的交谈无意间陷入停顿，之后她缓缓地说道："我觉得过去一年我过得太紧张了，一想到这一点我就好难过。"

这种压力不仅仅是美国社会的问题。有一次我们一家去厄瓜多尔旅游，有幸参观了一所位于一个偏僻小岛上的学校。我们的导游是一个 15 岁的女孩，她跟我们聊自己的事情，分享了她最近一直准备的一次考试。我的女儿们边听边点头表示同意，她们完全在一个频道上：对！考试很难，准备考试很有压力，你说的完全对，我们完全同意！然后，那个女孩开始慢慢说起那次考试意味着什么，我的女儿们不再点头，她们睁大了双眼，惊讶地张开了嘴巴。那个女孩 6 个月以后将要参加一场考试，那场考试会决定她以后要上什么学校——也就决定了她的职业，她后半生需要赖以谋生的手段——如果她要留在厄瓜多尔的话。我可以从女儿的眼睛里看到，她们知道自己永远不会在学校感受到那么大、有可能让人崩溃的压力。

　　有些学校试图减轻给学生造成的压力，他们告诉学生人不可能处处做到完美，犯错也是一种勇气、成长、创造力的体现。我有一个朋友刚刚搬到新宿舍几小时后，就和 1 100 名与他一样的大一新生坐到一起听校长讲话。学校的校长之前是美国国家航天航空局的火箭科学家，她鼓励学生四处看一看，向自己的同学表示感谢。她警告学生，虽然他们大部分人在高中的绩点都是 4.0 以上（很多人是毕业典礼上致辞的学生代表），但是他们中的每一个都将在接下来的一年里犯错误，每个学生都会在某些事情上失败。但是，校长也向学生们保证，失败并不可怕，失败可以培养不屈不挠的品质。

工作

总体来说，我们希望找到一份愉快、有意义的工作，不想承受根本承受不了的压力。但是，有时候工作是极其困难的。工作对一些人来说只是工作，而对另一些人来说，则是毕生的事业。而关乎工作的挑战包括一开始找工作的困难，也包括费尽心思处理与同事之间的关系，还包括工作过程中遇到的歧视和骚扰。

值得一提的是，虽然有些工作确实需要特别大的工作量，并且没有商量的余地，但我们绝不是要比较哪种工作更辛苦、更煎熬。并非只有看起来可能造成创伤的工作才能使人产生压力——许多领域和环境都有可能让人感受到压力。HBO 纪录片频道总负责人希拉·内文斯（Sheila Nevins）在一次采访中说："如果你是个外科医生，你给病人心脏做手术的时候，病人是处于麻醉状态的。但是拍摄纪录片的时候，你记录的对象是活生生的，他们在不断挣扎，就发生在你身边。你一直都能感受到那种悲伤。世界上有很多不幸。有很多人根本没办法改变自己的现状，如果人不能共情，就称不上是人。你将一直体会到那种感觉，很艰难，这真的会让人长期感到很痛苦。"

许多人只是单纯的工作量过大。欧盟要求一年至少有 20 天带薪休假（除去公共假期），像瑞典、法国和丹麦这样的国家甚至允许更长的带薪假期。但是，美国却没有这样的联邦法律保障大家的带薪休假，甚至国家法定假日都没有保障。

不幸的是，美国超过一半的上班族在带薪休假期间没有真正在休息，他们不上班期间也经常检查邮箱、回复邮件。相关研究指出了上班族不愿休假的最主要原因：害怕假期结束后面临堆成山的工作（37%）；认为只有自己才能胜任这项工作（30%）。此外，五分之三的上班族表示老板并不支持休假。一个在律所工作的朋友告诉我："在我们这行，有条不成文的规定，如果你压力不够大，就说明你不够格。"

研究表明，如果工作中压力过大，效率和幸福感都会降低，无论你从事什么职业，无论你住在哪里。实际上，过量的信息本身就是一个越来越严重的问题。要求我们筛选、解码、分类的信息实在太多了，这么多信息搞得我们压力过大。就如作家科琳·斯托里（Colleen Story）所说："不久，你的大脑就会堵塞。如果大脑有鼻孔，那么它早就不能呼吸了。"数据库公司 LexisNexis 发起的一项全球性调查显示，美国、欧洲、亚太地区以及非洲的 2 000 位白领中，有 51% 的人表示，如果他们在各自领域里接收的信息量继续加大，那么他们将到达"一个崩溃点"。

许多职场人告诉我，工作带来的压力绝不局限在工作日。从清早到夜里，他们的笔记本电脑和手机都会传来大量的工作内容，无论什么时候都有可能收到短信、通知或者是电话会议。周日或者一个项目开始前几天，有些人（这些人周一至周五都要工作）就开始担惊受怕。这就像我认识的一些学生（从中学生到研究生），他们害怕周日的到来——几乎就像害怕开学那样。一位青少年心理健康专家向我描述过自己在陷入一种特定循环后的焦虑心情："通常情况下，我是一个很乐观的人。但是当工作任务越来越近时，我会陷入特别紧张的状态。在家也是这样。我总是提前对工作日感到焦虑。"

环　境

经济因素

全世界都在承受经济环境带来的压力，而这一压力也被历史记录在册。许多经济学家都提到无节制的资本主义的危险，尤其是无节制地生产、消费。全球从事金融及相关行业的人都面临巨大压力，因为他们没有太多时间和精力花在工作之外重要的事情上——陪伴家人、接受教育以及其他团体事务。作家威廉·罗宾逊（William Robinson）博士在其文章《2008 经济大衰退及后续危机：全球资本主义视角》中提到社会两极分化的危机："我在这里想要提出一个更宽泛的全球危机概念。我认为这场危机在很多方面都前所未有，包括其规模、全球影响、对环境的负面作用、对社会的不良影响以及破坏手段的多样性。除此之外，因为这是一场全球性的危机，所以任一地区出现的危机都可能预示着全球危机的发生。"

毫无疑问，经济因素导致的压力与我们生活中的方方面面息息相关。有人问肯塔基州议员约翰·亚穆斯（John Yarmuth）想对那些对人生失去希望、觉得世界在瓦解的人说些什么，议员说道："我希望我可以给他们带来安慰。但是我不是在夸张，也没有在造势……我从来没有这么担心我们的社会是否可以稳定下去。"

世界大事

每天 24 小时，全世界新闻不间断，我们每个人都因此

产生或多或少的压力，这点毋庸置疑。我发现很多人都因为
世界上发生的一些事件以及我们接收这些信息的方式而达到
了自己精神的临界点。当然，每时每刻都会发生美好的事情，
都会留下英雄故事，都会发生让人心存感恩、宽容的事件。
但是也经常会有令人痛苦与深感恐怖的事件。

　　传统媒体和社交媒体正在以前所未有的速度将这些第
一手资料带到我们的生活中。虽然我们可以为其中一些事情
做点贡献，但是大部分事件却不在我们个人掌控范围内。所
以这些事件、这些事件的数量以及无处不在的传播渠道——
无论是健身房的大屏幕，还是家里的电脑，或者是公交车上
的手机，又或者是报纸、广播——都可能让我们感到越来越
绝望。

　　对很多人来说，那些涌入我们生活中，劝诫我们保持
"警惕"的新闻和信息让人面临巨大的矛盾。我已经记不清有
多少人跟我说过自己面临的绝望窘境，他们想要尽可能不受
媒体左右，但是又不得不每天都去关注——他们觉得如果不
关注世界各地发生的事情，那么自己就不是"合格的"积极
分子、团体成员甚至市民。确实，越来越多的人关注亲朋好
友推送的新闻，关注他们对所关心事件表达出的各种情感：
团结、愤怒、支持或者焦虑。这也就会让他们越来越担心，

如果自己不去关注这些新闻，就会被视作一种懒惰或者不忠的表现。

　　在一次与救济院工作人员的讨论会上，一位护理人员对她的同事分享，在意识到新闻严重影响了自己的生活和工作后，她选择再也不看新闻。她和其他许多在救济院工作的人一样，每天都在车里度过好几个小时——那段时间她只能听广播，淹没在不间断的世界各地突发新闻中。我深深敬佩这位护理人员，她不只认清了新闻给自己带来的伤害，也发现了新闻在阻碍自己不能正常地帮助那些救济院里需要帮助的家庭。

气候危机

　　虽然世界范围内尚未达成共识，但是绝大多数气候科学家都同意当今的气候变化是人为造成的。极端气候导致的各种现象以往被视为千年一遇或百年一遇，但是如今有些现象已经非常普遍，科学家都在考虑要不要直接创造几个术语。宾夕法尼亚州立大学地球系统科学中心负责人迈克尔·曼（Michael Mann）博士称："我们已经通过气候变化看到了环境变化的结果，所以那些现象出现得越来越频繁。"

　　谈到气候变化给精神健康以及社会行动带来的影响，美国认知疗法协会焦虑与强迫症治疗项目负责人斯科特·伍德拉夫（Scott Woodruff）博士表示："过度的担忧可能会引发疲劳、注意力不集中以及肌肉紧张。疲劳与注意力不集中又正好是人们在呼吁大家保持警觉时最不需要的状态。"

过去几年，我看到气候危机已经把科学家和其他一些长期倡导保护环境的人群——他们阅历无数、经验丰富，绝不是天真的新人——逼到绝望。电影制作人、环保活动家乔什·福克斯（Josh Fox）谈到自己决定拍摄纪录片《天然气之地》的原因时说："我们去了墨西哥湾，也许是节庆日的关系，NASA 破天荒地允许我们可以飞到任何高度来观察原油泄漏。他们之前规定的飞行高度是 3 000 米及以上，3 000 米高的地方根本什么都看不到……你观看《天然气之地Ⅱ》的时候，可以见到之前从未见过的海湾照片。整整 50 英里宽的海面都漂浮着漏油……我当时十分沮丧、困惑、恐惧、震惊。下了那架小飞机后，我们几个小时没说话。看到那样的墨西哥湾，我们不知道该说什么。只是看到整个水面和浮油，我已经感觉身体里有一部分已经坠下了飞机。"

我的朋友克里斯·乔丹（Chris Jordan）是艺术家、摄影师，2017 年他参加完第四届国际海洋保护区大会，从智利回来的那天，就和我取得了联系。他对我说："我个人觉得，现

在最不可思议的事情就是我们还在一直否认事实。我们都不能认清现在的事实，这让我很惊讶。我碰到一位来自佛罗里达的生物学家，她说佛罗里达根本不允许使用'海平面上升'这个词，他们要说成'小型频发泛滥'。他们坚持使用这个愚蠢的词汇，完全不顾其中的讽刺意味，佛罗里达目前正在经受史上最强大的飓风。"克里斯继续说道："我觉得让大家接受我们在破坏地球这个事实可能实在是太难了。对很多人来说，也许承认这一点就会显得异常无助，会引发深层次的无力感。我们把自己逼到崩溃点，而此时此刻却是需要有所作为的关键时刻。如果不幸发生了悲剧，将直接影响我们子孙后代的生活质量，这一点怎么强调都不为过。"

　　我一直提醒各行各业的工作伙伴一点：虽然在工作和生活中，当我们面对气候变化时，没人给我们多少指导——事情该如何发展，个体该怎么做，但是我们的亲朋好友和我们自己，将来一定会受到气候变化的影响。我们可能喝不到饮用水，也可能找不到无毒的居所，又或者会被卷入狂风暴雨中。虽然洪水和火灾经常是随机发生的，不会选择特定的地点，但是那些被边缘化、无人关注的人群往往会最先面临气候灾害的冲击。而对一些人来说，这就意味着他们的一生都要投入到重建中。

有很多因素——或大或小——会使我们感受到压力，但我们还是可以给自己减轻一些负担，需要认识到凭一己之力并不能解决大部分问题，也需要腾出时间做那些可以帮助自己的事情。

第三章

应对办法：少即是多

如果我们要深入研究应对压力这门艺术及科学，我们就要以一种有建设性、有意义的方式，寻找代谢所经历、所见闻事件的方法，探索我们变得紧张的过程和原因，以及应对这种情况的对策。

前文已经探讨过多种可能导致压力的因素。我们每天都会经历无数事情（一些超出了我们的掌控范围，一些则在我们掌控范围内），有些振奋人心，有些启迪励志，而有些则会侵蚀内心。

从外界开始侵蚀我们的那一刻起，我们就在累积伤害。我们在累积失望、累积轻视、累积理想与现实之间的落差。我们可能就是在收集大量的日常小挫折，又或者我们在不断承受创伤打击。但是不管由于什么原因，我们很少关注这个不断累积的过程——没有代谢这些累积——那么我们就可能陷入紧张的状态。

毫无疑问，我们的目标是少做那些会侵蚀我们的事，多做一些能够支撑和帮助自己的事。

代谢外部事件

如果我们没有完全代谢在内心不断积聚的负面情绪，这些情绪就会停留、溃烂，最终还会外化，有时产生的结果非常可怕，所以我们必须把重点放在那些我们确实有能力处理的事上。

代谢包括两个过程：分解代谢与合成代谢。分解代谢是分裂、分解的过程，通常伴随分子能量的释放。合成代谢则指的是为修复或成长过程"合成"必需的营养。侵蚀内心的外界事件给我们的身心带来双重影响，我们把这些积聚的影响分解成小部分，构建强壮的肌肉强化自己。我们要不断追求一个整体意义上的自我，构建有规律的神经系统，创造始终存在的内心平衡机制。当我们感到心胸畅快、可以与自身及环境相协调的时候，我们会渴望有更多这样的体验，因为我们已经做到了代谢——或者说是消化——自己的经历。

降低饱和度

　　然而，当外部条件占据优势，主导我们代谢这些事件的内在能力时，我们就可能进入饱和状态，从身体机能到神经系统都处于饱和状态。如果要继续往前走，保持平衡，我们必须时刻注意自己与外界对抗的情况。此外，每时每刻都要留意自己的内在状态是否能够代谢相关事件，让自己尽可能避免处于这种饱和状态。如果我们要监控外部事件对自己的影响，要采取措施代谢这些事件，那么最有效的方式就是持之以恒、反复实践。

　　悲观看待人生，积极看待我们的世俗责任，这二者其实是可以相容的。听起来很宏大很抽象，但是就像很多其他事情一样，这也是可以做到的，只不过需要我们日复一日地努力。

　　——亚当·高普尼克（Adam Gopnik），

记者、作家

　　我们每天的生活可能一直在两种状态之间切换，像音乐家、社会活动家史蒂夫·旺达（Stevie Wonder）说的那样，

一边"梳理内心感受"，一边为生活和工作中遇到的大事小情
奔波，内在外在，反反复复。首先要努力让内心平静，再去
应付世界。大德寺前任住持小田雪窗（Oda Sessō）说过："禅
学只有两件事情：静坐，打扫庭院。庭院的大小并不重要。"
当然，这里并不是说完全静坐不动，而是强调定期、专注的
思考与反省非常重要。我们不但可以因此减少受到的伤害，
也可以在思考中遇到最完美的自己。

　　处于饱和状态令人生厌，通常还潜藏着情绪危险，所以
通常情况下，人不会长时间处于饱和状态。饱和状态常伴随
大量情绪"外溢"，可能是个人层面的外溢，也可能是集体层
面的外溢。一般情况下，这种外溢的表现是有害的。有时表
现为某种偶发的行为，有时则是一种长期行为模式，也有时
是集体中表现出的明显的消极情感。如今，家庭是饱和的，
学校在外溢，机构组织是饱和的，企业在外溢。而且在外溢
过程中，我们会伤害自己、伤害亲人，可能在路上恶意别车，
可能在会议上让同事难堪，可能在网上或当面欺凌他人，还
会出现其他更可怕的情况。

　　值得注意的是，外溢指的不是故意释放内心当前积聚的
情绪——个人层面也好，集体层面也好。我所提到的外溢不
是像举重时需要流汗那样，也不是像流眼泪那样，合乎规律

地释放身体或内心的压力。我所说的外溢更像慢慢沸腾或是突然爆发。这个过程不一定是有意的，也不是具有建设性的。我曾在一个药物成瘾团体里工作，当时工作安排很紧张的一位同事向我们分享她的外溢表现带来的出其不意的后果，她说："现在就连我的宠物狗都在躲着我。"

承认潜在障碍

有些因素可能会导致压力，你与这些因素接触时就会产生相应的后果，找到一种管理并消化这种后果的方法至关重要，但是必须承认，这个过程中我们可能会遇到各种实实在在或者潜在的障碍。如果我们认定做自己与避开压力是互相排斥的，那就给自己立起了一道屏障。

如果你发现在采取行动改变现状的过程中，遇到了一些社会性的阻碍，使这个过程变得更加艰难，要知道不是你一个人在面对这些问题。即使你可能足够幸运，生活在一个声称无论医疗、幸福感还是工作生活平衡度都数一数二的国家，也仍然有很多需要去抗争的全球性问题。

〜〜〜

即便如此，世界上也还有尚未被压力吞噬的地方。我们不必苦苦寻求通往平静的捷径，只需要记住该记住的东西，珍惜那些代代相传的智慧，最好带上些幽默感，问问自己："假如我知道该如何梳理内在情绪，那么阻挡我的障碍是什么？"如果我们不能建立起内心深处平静的池塘，那么我们一边围着有涟漪的池塘转一边询问自己为什么，也是很有帮助的。

杰克·康菲尔德（Jack Kornfield）说过："我们人类对自己遭受的痛苦很忠诚。"虽然每个人的情况不一样，但大部分人尝试做出某种重大改变时，都经历过那种纠结。即便直面这种纠结令人怯步，但可能产生的效果还是不容忽视。

〜〜〜

能否减少伤害取决于我们能否与自己对话——与自己建立内在的联系。许多人由于各种各样的原因，不能忍受与自己相处，如果出现这种情况，就需要反思一下原因了。其中一个因素是我们对别人的看法过于敏感，我们也对自我形象的建设投入了太多时间与精力，这就会使我们不能完全代谢自己的经历，让我们更容易达到饱和状态，感受到压力。当然，我们给自己的压力与从外界接收到的信息密不可分。

很多人每天都给自己巨大的压力，力图做到完美。无论年纪大小，如果我们给自己施加特别大的压力，逼自己时刻做到处处完美，那我们就不太可能有效地、有意义地关照自己的内心。一位警察对我说过："我们警察不允许自己轻易受到伤害，也不能让亲人轻易受到伤害。因为我们的工作过于危险，也因为可能会受到公众的攻击，还因为我们容易卷入法律纠纷，或是媒体的报道。所以，我们不能感到脆弱，不允许自己相信自己需要帮助——任何形式的帮助，或者根本不相信外界的帮助可以让我们渡过难关。"C&R诊疗中心创始人帕克·帕尔玛（Parker Palmer）告诉我们："完整不是完美，完整是指接受不完美也是生命中不可或缺的一部分。"

如果我们想要一直从容地生活，培养接受自己、与自己相处的能力——本来的自己，而不是我们觉得应该成为的自己——是最重要的步骤之一。同一周内，我在两次小组咨询中听到了同样的内容，一个是16岁孩子组成的焦点小组，一个是专业人士召开的员工会议。两次都有人谈道："一般来说，我白天都好好的，因为有一堆事情分散了我的注意力。但是在我独自一个人的时候，或者晚上，所有的想法都涌了出来，我感到压力巨大，喘不过气。我无法和自己平静相处。"白天也好，晚上也罢，不管我们在用某种事物麻痹自己，还是每天忙得停不下来，由于我们不能忍受与自己相处而造成的伤害——个人层面以及集体层面——都在明显上升。

想要逃离现实，这种想法不算过分，很多人都不时有这种想法，只要我们这样做的时候是有意为之就没问题。我在约翰内斯堡的种族隔离博物馆看到下面这句话时驻足良久："如果一个人不能淹没自己的烦恼，至少他还能让这些烦恼漂浮一会儿。"如果你需要一小时或者一天的时间沉浸在自己最喜欢的电视节目里，那就这样做吧。"我今天就是要一口气看完六季的内容，开始吧！"这种心态和另一种有着本质的区别："哎呀！我周末都干什么去了？电脑一集接一集自动播放，一旦剧情开始，我就不知不觉中忘了停下来！"其他任何我们用来放松的方式都是如此。放下手头的事情，观察一下，做出深思熟虑后的选择，而不是漫无目的地依附于一个人、一件物品或者一件事。

少即是多

生活中少不了让你真正感到痛苦的日子，任何人都没办法承受那种痛苦，哪怕只有几分钟，更不用说一辈子了。但是大多数情况下，我们感受到的压力——无论个人层面还是集体层面——都能很容易得到一定的缓解，可以尝试转移注意力，或是调整思维重点，没有必要在已经满满当当的日程表上添加更多复杂的内容。出于自我尊重，我们应该提醒自己，通常情况下我们正在经历的痛苦、挣扎、困难都不是不可避免的。当那种真正痛苦的时刻到来时，我们也知道自己可以找到应对的办法。哲学家让－保罗·萨特（Jean-Paul Sartre）说："天才不是一种恩赐，而是人在绝望情境下创造的一种方法。"

当然，这不是说我们总要想尽办法提前布局。一位景观设计师和我聊起我家完全荒废了的花园，他严厉地对我说："如果这里的土壤变得非常干燥，那么这块地就不会喜欢水了，不容易吸收水分，或者根本不会吸收水分。"所以我们不要让自己发展到那种地步。

我记得密宗大师佩玛·丘卓（Pema Chodron）在一次讲座中说过，无论我们在做什么，不管怎样，我们都会把正在做的那件事做得越来越好。我发现每天提醒自己这一点很有帮助，我会问自己：想把手头这件事做得越来越好吗？手头这件事可能是专心弥补被忽视的家人，可能是认真思考最近的一项提案，也可能是为了各种各样的事瞎忙。有时我想起来提醒自己少即是多，这也就提醒了我要仔细想想该花时间在哪些事情上（花时间思考也好，花时间行动也好），而什么事情又可以不用做。

我女儿的朋友给我上了一课，让我明白要时刻问问自己想在什么时候、为什么事情花时间和精力。想象一下六年级的学生，第一次参加学校年度舞会，这在学校里是件大事。孩子们要准备穿的衣服，要想想谁陪自己去，去哪里训练，舞伴是谁……事情多得很。我是负责接送几个女孩的家长，她们朝我走过来的时候，我认真观察她们脸上的表情，看看能不能猜到过去的 3 个小时她们过得怎么样。她们上车后我问："孩子们，舞会怎么样？"女儿那位朋友讲了讲她的经历，带着挖苦意味说："我觉得这场舞会都不值得我穿这条裙子。"有时候我们凭借自己的想象力编造出精彩的剧本，除了我们自己，还需要更多人才能演完这场戏，但是反过来，如果我们想得少一些，就没那么多事了。

请记住，有时候看起来不重要、很微小的选择都会产生不可估量的后果。有一次我在一家特别火的餐厅排队等位，服务员问我：有两个人的空位，要不要进去？我说可以给后面那两位一起的女士，我再等下一个空位。几分钟过后，我还在一边排队一边看手机，一位男士走到我面前轻声说道："你刚才的举动太暖心了。我就是想告诉你，因为你我又重新对人性有了信心。"

如果我们没有主动规避、没有留心压力，那我们就会处于饱和状态，因而会更容易出现问题，包括（但不限于）以下这些：

- 注意力不集中；

- 脱离现实；

- 过度依赖某些事物；

- 精力不足。

我们日常状态的饱和程度越高，越容易遇到上述问题。越是陷入上述这些问题，我们的状态就会越加饱和。但是一旦我们意识到这些问题，就有机会解决或者缓解这些问题，可以通过以下有益的做法代谢日常经历：

- 注意力不集中的时候，可以尝试理清自己的想法和意图。

- 脱离现实的时候，可以采取措施让自己注重当下。

- 感到自己依赖某些事物、钻牛角尖或固执己见的时候，可以尝试对新事物抱有好奇心。

- 精力不足的时候，努力寻找增强毅力的方法。

〰️

　　少即是多的策略很快就会见成效。我们要有意识地少做那些侵蚀我们的事情，多做一些能够支撑帮助自己的事情。你会发现把注意力放在那些我们**能控制**的事情上可以有效缓解压力，可以让自己看得更清楚，保持稳定的状态，也可以让自己更有信心应对将来的事情。要想找到适合自己的调整方法，需要不断与自己对话，要做的可能很简单。根据微小收益累积理论，如果你在某些领域实现了 1% 的进步，那么久而久之最后的收益将是巨大的。在阅读后面几章的过程中，请继续思考：我该怎么做才能一次缓解 1% 的压力呢？

　　我正在经历的风暴不会是永久性的。但是，毫无疑问，这绝不是我经历的最后一场风暴，以后我将面临更多。关键是，我们需要在等待暴风雨停下的过程中生火取暖。这些火苗——你的日常安排、习惯、人际关系以及应对机制等——会帮助你看到事物好的一面，你看到的不是洪水，而是滋养。

　　　　　　　　　　——蒂姆·费里斯（Tim Ferriss），

　　　　　　　　　　　　　　作家、企业家

第四章

摒弃干扰　关照内心

一个深冬的晚上，正好轮到我送游泳队的学生回家，车里全是湿漉漉的孩子，他们身上还有泳池消毒水的味道。那天下午过得晕头转向，没有一件事是按计划进行的。车开了一会儿后，我需要在前方短暂停一下，我向孩子们表达了歉意，向他们解释我需要取一下外卖。我从车上下来，直接跑到餐厅的吧台。女服务员看了我一眼，问我需要什么帮助，我说我之前点了餐，现在来取餐。她说："好的，请问您叫什么名字？"我站在那不说话。她看着我。我还是没有说话，她继续看着我。我终于开口了："这真是个好问题。"我当时想不起自己叫什么！我说完那句话后，餐厅里坐在我右边的一位女士直接笑得喷出了嘴里的饮料。过了一会儿，我想起了自己的名字，拿起外卖往外走，当时我感到很无力、很烦躁。那位女服务员叫住我："别再忘了你的名字，祝你一切顺利！"

我们可能会处于非常饱和的状态，以至于记不起一些最基本的事情，就像我忘了自己的名字一样。

除此之外，当压力来袭时，我们会失去防御能力，可能会由于外界的各种干扰分散注意力，从而沉溺到多巴胺带来的快感里。作家、哲学家奥尔德斯·赫胥黎（Aldous Huxley）认为人类"几乎总是被分散注意力"，他警告大家："从一方面来看，媒体、广播、电影等是现代社会不可或缺的部分。而从另一方面来看，它们又是干扰人们注意力的最强有力武器。"

无论是在跟朋友家人聊天，还是花时间关注政治动向和世界新闻，重要的是，我们要知道自己该把关注点放在哪里，也要知道释放压力的重要性。第一步当然就是认清分散我们注意力的外物是什么。

你受到干扰了吗？

我注意到我的孩子和她们的朋友无时无刻不在盯着手机，这当然不是我第一次观察到人们受外界干扰，但可能是最困扰我的现象。好像大家一夜之间突然就被手机等电子设备迷住了，虽然我知道事实不完全如此。

坦白说，我们夫妻以及其他很多家长都不是好榜样。但是我对自己的孩子以及我认识的其他青少年要求更加严格的原因是，我知道盯着屏幕看对他们正在发育的大脑影响很大，比对成年人的影响大得多，因为我们的大脑功能已经在走下坡路了，而青少年的大脑功能还在发育完善中。如今，电子设备对生活的侵袭是很普遍的事情。虽然有各种研究指出了盯着屏幕——电子游戏也好，社交软件也好——对人类大脑的影响，但我认为最糟糕的事情是，许多年轻人告诉我电子设备在他们的生活中甚至占据主导地位。

向我咨询过的很多人都承认社交网络营造的世界很荒唐——那是一个"假的世界"，但是他们又觉得自己面对社交网络时毫无抵抗力。一个十几岁的孩子说道："每当我想放弃社交媒体时，我就觉得自己跟小伙伴们没什么交流了。我不愿意给某些人发短信，但是如果我们互相发几个表情包，那我们还是朋友，对吧？"另一个少年说："现在我们这些人的生活都围着社交媒体转。如果你不用社交媒体，就相当于放弃了融入群体之中的机会。高中生整天就是谈论网上发生了什么事。"

我认识的人没有为社交媒体辩护的，虽然人们越来越认识到社交媒体带来的不良影响（感到与他人格格不入、对自己的社会地位感到焦虑、看到的只是他人刻意塑造的各种"人设"），但是大家好像不太确定该怎么应对这个问题。

社交媒体让人上瘾，当在小程序或网站上收到别人点赞或评论这些正面回应时，瘾就会越来越大，但是现在就连那些社交软件的创始人都在努力从社交媒体中解脱出来。贾斯丁·罗森斯坦（Justin Rosenstein）是 Facebook 的工程师，就是他发明了"点赞"功能。他说用户收到赞时"感到很高兴，但那不是真正的高兴，那种感觉很有诱惑力，但同时也很虚无"。《卫报》的一篇文章报道，罗森斯坦"好像很担心社交媒体对用户心理层面的影响，研究表明那些用户平均每天刷手机数百次"。还有另外一个问题越来越受到关注，与电子产品相关的科技正在加剧一种被称为"持续性局部注意力下降"的现象——人们很难集中精力做眼前的事，智商也有下降的可能性。一项研究表明，只要你身边有一部智能手机——尽管处于关机状态——就能损害你的认知能力。罗森斯坦说："每个人每时每刻都处于分心的状态。"

　　剑桥大学做了一项调查，超过三分之一的调查对象都表示电子产品给自己带来了压力，他们整体上也对自己的生活不满意。马里兰大学做的另一项调查采访了来自10个国家的近1 000名大学生，他们来自英国、美国、中国等国家，调查表明绝大多数受访者都做不到一天之内自愿不碰电子设备。受访学生说，如果不能玩手机、不能上网、不能使用社交软件、不能看电视的话，他们会有种强烈的欲望，也会感到焦虑和沮丧。20% 的受访者认为那种感觉就像吸毒一样，几乎控制不住，而且会有明显的戒断症状。苏珊·莫勒（Susan Moeller）教授表示学生"知道自己会产生沮丧的情绪。但是他们没想到的是心理状态也会受到影响——感到孤独、焦虑、不知所措，还会出现心悸的症状"。

新闻和政坛动向也会干扰人们的生活。有些人像被一种拉力牵引一样，一直不停地关注有线新闻和新闻推送，这不等于知晓时事，更不是一种聪明的做法。他们不会有效筛选新闻，更没有做出自己的贡献。其实很多人都有这个问题，因此我们不能专心做我们能做好的事情，也不能做那些真正重要的事情。我们会不断查看掌握我们思维的新闻推送（有时我们自己都不知道，这取决于程序的算法），也会对政坛风云变幻表示强烈不满，因为这都可能会让我们产生一种精神上的满足感，虽然持续时间不长。这种习惯是不利于我们发展的。电视节目主持人、喜剧演员史蒂芬·科拜尔（Stephen Colbert）曾经说过："有些人就喜欢看政坛争端，对他们来说那就像毒品一样能带来快感，这是一种极端化现象，我早就过了那个阶段。"

越来越多的人从社交媒体上获得第一手新闻，作家、教育家克林特·史密斯（Clint Smith）在谈到这一现象时表示："我们不能低估新闻报道对人们世界观的影响，但同时人们也在社交媒体上关注了很多其他人，那些人对新闻事件的看法，也会影响大家世界观的塑造。"

过度关注别人的生活也会对自己的生活造成干扰。许多青少年因此受到指责，他们喜欢八卦、说别人闲话，但是我们成年人也可以从他们身上学点东西。有时候孩子们会聚在我家厨房聊天，我有时也会路过某个高中，经常听到孩子们真诚地对对方说："做你自己。"每当这个时候，我就会非常感动和欣慰。在背后说别人闲话——也就是常说的八卦——是所有年龄段的人都会做的事，这属于干扰我们生活的事。我一个朋友曾经说："不谈论别人，我们就没什么好聊的了。"

我们眼下正在做某件事，但我们总想着可以做这个、可以做那个，二者之间就会产生落差。虽然社交媒体不是造成这种现象的唯一原因，但是社交媒体会让我们一直担心自己会错过某些事情。十几岁的孩子和二十出头的年轻人都

对我说，社交媒体最不好的一点就是引导他们一直在和别人
比较——不管是熟人还是陌生人。如果我们一直关注外界发
生了什么，就很难关注眼前的事情，很难专注于生活中发
生的事情，会常常忽略身边的人。伯努瓦·刘易斯（Benoit
Lewis）在一篇文章里写道："一位大学生狠狠批判了他们那
一代人与社交媒体的关系，他的说法很有哲学意味。他说：
'我们没有意识到社交媒体正在影响我们的情绪和性格。社交
媒体本来是一种工具，但是现在却变成我们生活中离不开的
东西，而同时社交媒体又把我们逼疯了。'"

　　社会工作者卡拉·马克西莫夫（Cara Maksimow）说得
很好："现在大家都通过社交媒体交流，这种交流是没有活
力的，友谊和其他各种关系也因此变得空洞肤浅。那些在社
交软件上有成百上千个'关注者'或'朋友'的孩子其实都
是孤独的，他们很少跟身边的人交流，由此就会感到空虚落
寞，从而在社交媒体上越来越活跃，这是一个恶性循环。"我
认识一个孩子，他高二的时候出国待了一个月，他的经历让
我很佩服。因为离家太远，他一开始很想家，感到十分压
抑，很难融入新环境中。他发现刷手机能缓解这种低落的情
绪，但他也很快意识到了这一点的隐患，果断把手机上诸如
Snapchat 和 Instagram 等社交软件卸载了。他的朋友对此很

不解，他解释道："每次看手机的时候，我就觉得特别孤独。我必须摆脱这种状态。"

关于这个话题我们聊得越来越深，我觉得换个思维模式很有帮助，可以不再用好与坏、对与错这种评判标准评价这件事。相反，我们可以加强认识，提醒自己：现在发生的这件事对我有帮助，还是对我有干扰？有益还是有害？比如说，如果你因为外界发生的事情分心的话——无论是他人，还是网络——不妨停下来问问自己：我这么做有什么好处？一直不停刷手机看谁跟谁关系好对我有一丁点儿帮助吗？值得花时间看某个明星今天做了什么吗？

我们总是纠结过去发生的事情，幻想以后可能发生的事情，这其实也是一种分心的表现。许多年轻人在中学和大学阶段承受的压力都对这种现象有直接影响，他们总是超前焦虑。成年人也有可能面临这种问题。有些人有这样一种倾向——你也可以称之为天赋——每当有什么事要发生，或者要去旅行、开始一段崭新的生活时，他们总是会想到最坏的情况。这么多年有很多同事告诉过我，"就算事情看上去风平浪静，但我总是觉得还会发生点什么意外"。人们总是受到这样那样的干扰——总是幻想以后会发生的事情，总之没有活在当下。

人类的神经系统会产生一种被神经学家称为"负面偏见"的现象：我们总是对坏消息更加敏感，大脑总是在寻找潜在的威胁。虽然这个过程有助于我们当下更从容地处理事件，但是从整体上来说却不利于我们的健康。我们总是习惯性地预想会发生的麻烦，甚至是大灾难。我的一位老师曾经说过："我经历过大大小小的悲伤事件，其中大部分都没发生过。"

我们的大脑总是在回忆（过去）与幻想（未来）之间摇摆不定，从而忽略眼前发生的事情。我们因为一些没得到的东西紧抓过去的事情不放，又在不停幻想一些虚无缥缈的事情。作家艾伦·瓦茨（Alan Watts）曾经说过："无论超前还是滞后，都是在逃避现实。"

我们还通过不停买东西的做法让自己分心。当下的文化和商业给我们营造了一种假象，我们会觉得自己需要更多、更好、更酷的东西。琳琅满目的商品使我们眼花缭乱。我们应该意识到，自己正在用疯狂填满购物车的方式来逃避现实。欲望可能会毁掉我们。

大脑必须在充斥着各种信号、各种噪声的混乱环境里理出秩序，才能感知外界，才能拥有情感、记忆、欲望等，这个过程称为"认知分析"。我们

想留下那些我们喜欢的事物，但是因为神经处理过程不断在变化，所以所有的经历都是转瞬即逝的。它们永远流转在我们的指缝之中，所以不存在永远的幸福快乐。但是它们看起来近在眼前、惹人向往，所以我们一直都在追逐。

因此，我们内心深处充斥着忐忑、不满、不安……我们渴望，我们固守，我们忍耐，我们承受。生活就像一个杯子，底部有漏洞，我们却总是想填满它。

——里克·汉森（Rick Hanson）

重压下我们陷入的另一种模式就是，变得愤世嫉俗，经常苛责他人，这也是一种分心、试图逃避现实的表现。

如果一个人愤世嫉俗，经常对人冷嘲热讽，那么哪怕别人和他开玩笑，他也一定会怒不可遏。以前我有几个从事医疗工作的客户，其中一个医生对她的同事说道："我们医院的人现在戾气很重。在急诊室，很多医生护士都觉得病人在占我们便宜。我能理解做这份工作久了会有这种想法，但是现在的风气确实令人担忧。"

作曲家、教育家伦纳德·伯恩斯坦（Leonard Bernstein）认为，一个人愤世嫉俗，是由于他内心深处充满恐惧与焦虑，他害怕这个世界随时可能被毁灭。愤世嫉俗会限制我们的能力与潜力发展，让我们渴望一种瞬时的满足感，这是不健康的。作家、评论家玛利亚·波波娃（Maria Popova）说道："我们在长大的过程中变得越来越愤世嫉俗，同时，我们与生俱来的学习能力也越来越弱，我们不再有好奇心，变得十分僵化。愤世嫉俗会让我们渴望一种当下的满足感——正好与长久学习带来的幸福相反。"

一个朋友向我分享了一个故事。有一次她给了一个声称没钱加油的女士几块钱，路人对她说："你知道她在占你便宜对吧？那个女的每天都在这儿用同一个理由骗人。"我朋友说："当然，但是我想变成那种疑心重重、生怕任何人占我便宜的精明人吗？还是做一个善良的人，有能力给别人几块钱就果断伸出援手呢？"

认清现实、避免愤世嫉俗最难的一点就是把握好"度"。如果我们相信每个人都在伺机针对我们，那么我们就很容易怀疑每个人、每件事。客观评价他人的行为，站在别人的立场想问题，不要把他人的错误当成对我们个人的攻击，做到这些我们就不会轻易变得愤世嫉俗。

很长一段时间，我都被恐惧、焦虑、愤怒等负面情绪包围，变得十分愤世嫉俗。詹姆斯·鲍德温（James Baldwin）写道："我认为，人们对这个世界充满恨意的一个原因就是，他们觉得如果恨意消失，那么自己就必须得面对痛苦了。"

值得强调的是，感到愤怒、怨恨，不等于必须把这些情绪表现出来。如果表现出来了，那就只能怨自己，怨不得别人。烧伤科的医生和护士向我透露，他们科充斥着一种深深的怨念，他们对此很痛心，我很受触动。每位医生刚入职的时候，都希望给病人提供最好的服务，但是现在由于他们的不良情绪，这一点很难做到。很多医生心里都有这样一种想法："好人才不会被烧伤呢。"

虽然不是百分之百，但通常情况下，一个人感到愤怒是由于地位受到了威胁。地位威胁论有种自恋的意味：那些人没有关注使自己生气的事本身，也没有关注那种类型的错误，而是把注意力集中在自己与对立人的关系上……如果我们达不成某种目标，就会没有安全感，觉得对场面失去了控制，这种情况下，我们就容易生气，或者当我们期望或渴

望获得掌控权的时候，也容易生气。我们发泄愤怒
情绪的目的是为了找回失去的控制权，通常当我们
发脾气的时候，我们会有一种确实重新获得掌控权
的错觉。在某种程度上，当今的主流文化让人在很
多情况下感到自己特别容易受到侮辱、受到轻视，
这也就意味着这种文化从根源上助长了由于地位危
机产生的愤怒情绪。

——玛莎·纳斯鲍姆（Martha Nussbaum），

哲学家、教授

培养主动意识

如何集中注意力——对我们关注什么事情、什么时候
关注、怎么关注做到心中有数——成为我对抗压力道路上最
重要的问题之一。威斯康星大学健康心智中心创始人理查
德·戴维森（Richard Davidson）博士在他的研究中发现，有
四个独立的大脑回路影响着我们是否能够获得持久的幸福感：
我们保持积极状态或积极情绪的能力、从消极状态中恢复过
来的能力、集中精力的能力、慷慨待人的能力。我会利用这

个发现帮助自己重新调整状态，时常停下来问自己：我现在
是积极向上的吗？我在努力跳出消极情绪吗？我把注意力放
在了哪里？我今天的想法或者行为是否慷慨宽容？

约翰·费尔（John Feal）是9·11事件的首批救援者之
一，他的救援地在纽约世贸中心。在那之后，尽管自己的个
人生活受到了巨大影响，他还是努力在生活中专注于当下，
待人宽容。2001年，在协助救灾工作6天之后，一根8 000
磅重的钢梁砸在他的脚上，他身受重伤，差点丧命。他的
不幸经历是无法用言语形容的，在他从崩溃边缘挣扎回来之
后，导演乔恩·斯图尔特（Jon Stewart）为此制作了一部影
片，抨击社会对首批救援者们的忽视。也是从那时起，许多
人开始对费尔受伤后的生活有所了解。费尔年复一年地争取
相关立法，希望为在那一天、在之后几年中因那场灾难失去
生命的人和他们的亲人讨回公道。

费尔说："我有时会感到沮丧，因为我们用一种奇怪的方
式重复历史，就那么把退伍军人从战场上送回家、把9·11
救援者和全国各地的各种救援者送回家。他们牺牲了自己，
但我们却对他们不管不顾。"

费尔公开分享了自己受折磨的经历："我可以忘记自己
的创伤。我可以忘记在那里的几天时间。但是我没办法忘记

当时的那种气味，那可能就是我睡不着的原因。我一闭上眼睛，就会闻到世贸中心的味道……这不仅仅是我说的，还有其他 9·11 救援者以及志愿者，他们也会说同样的话。尤其是每年的这个时候，我一闭上眼睛，那股味道就会出现。就像是把手放在我的嘴和鼻子上，很不好受。"虽然费尔身体和情感上还在经历痛苦，但他却专注于帮助他人，这很不可思议。他改变了立法。他捐了一个肾。每天早上遛狗的时候他都会去便利店买杯咖啡，也会为排在他后面的人买咖啡，每天早晨都是如此。

这样有意识地留意自己在关注什么、什么时候关注、怎么关注，能让我们在当下生活中继续前进，而不会在前进中迷失自我。

乔恩·洛维特（Jon Lovett）是一位演讲家、作家，也是 Crooked Media 的联合创始人，我很欣赏他在自己主创的一个节目中加入了名为"俄罗斯那点事"的版块。他解释说："我们聊聊俄罗斯和特朗普政府那些事没问题，但要计时两分钟。因为尽管了解相关调查的进展很有意义，但在大多数情况下，我们应该把注意力集中在其他问题上——就像我们一

遍又一遍告诉自己的那样，我们不能因一些远离生活目标的
事情分心。"

　　具有主动意识并不意味着可以做到完美。我们说的
是尽你所能做到最好，即使会有遗憾。我女儿的教父大卫
在她11岁时去世了。对我女儿来说，大卫一直是个很善
良、有威信的人，所以他去世后我女儿非常难过。大卫去
世后的第二天，她要参加一场足球比赛。我知道她状态非
常不好，于是在赛前的紧张气氛中，我问教练能否和他谈
谈。我直接告诉他发生了什么事。教练没说话，我能感觉
到他的纠结，他想为我做点什么。过了一会儿，他说："好
吧，我让她去防守。"说完他就走开了。我可以诚实地告
诉你，直到今天，我还不完全确定他所说的话是什么意
思，也不知道为什么那是他安慰我的方式。但事实上，那确
实安慰到了我和女儿。也许那不是一种常见的反应？但是
我们很感激他尝试过了，他努力为我们做了一些可以做的
事情。

珍视清晨时光

　　尽量按照你想要的方式开启每一天。每天早晨，我们都

有机会以我们希望在一天中聚焦的事情开始我们的生活。许多文化中都有一个核心信条，那就是重视早晨的时光。千万不要一睁开眼睛就去摸手机，或者不要让手机上的新闻推送吵醒你，这是有好处的。一项研究显示，有两种最易造成日常压力的因素，一是关注政府或政治家在做什么，二是关注各种新闻报道。为什么要这样开始我们的一天？是时候考虑从电子产品和各大社交平台中解放出来了。

即使你所能做的只是在进入外部世界前留一分钟时间给自己，那也要每天起床从调节呼吸开始，告诉自己一个今天要达到的目标——切实可行的目标。不是"今天我能成功吗？"之类，而是更具体的说法，"当我不愉快或愤怒时，能找到三件值得感激的事情吗？"或者"如果我感觉到自己将要被恐惧吞噬，我会想到一个能激励我的人"，就是要达到这种效果。

你会遇到、认识或发现什么，在很大程度上取决于你接近它们的方法。许多古代文化都有复杂的相关仪式。在一次有深度、有意义的邂逅之前，往往要精心准备……当我们抱有敬意地寻找时，美好的事物决定接近我们。我们真正的生活浮出水面，它的光唤醒事物中隐藏的美。当我们心怀敬意地行走时，美好将信任我们。匆忙、傲慢的人缺乏遇到那些美好事物所需的温柔和耐心。

——约翰·奥多诺（John O'Donohue），
诗人、哲学家

我的一位同事在一起谋杀案中失去了母亲，她在日记中写道："我最近一直在看奥运会。我注意到，游泳运动员下水之前，会弯下腰来，把泳池里的水用力地泼在自己的脸上和身上。熟悉这项运动的人应该都知道他们为什么要这样做，但我不是很清楚。虽然可以在网上搜索一下真正的原因，但我已经有了一套自己的理论。在我看来，他们在入水之前要努力适应水温，因为他们最想避免的就是没做好准备，以至于跳入泳池时身体和心脏会产生不良反应。这就是我最近的感受，妈妈。我希望每天早上醒来的时候，都能在自己脸上泼点生活的样子，这样当我记起你不在的时候，我的心和身体就不会那么茫然了。"

虽然每天开始的时候都去唤醒自己的主动意识看起来可能会有些刻意，但有意识地努力这样做是有必要的，因为毕竟我们正在转变人类世世代代传承下来的非常顽固的习惯。神经科学家说，无论如何，我们大脑里的神经元是有记忆的。

管理外在干扰的量和度

一旦确定了一天的目标，那你就要留意干扰你的事物的数量和内容，那些东西会降低你集中注意力的能力。表演艺术家曼迪·帕廷金（Mandy Patinkin）说："我在镜头前犯过的最大错误就是，我选择了出演《犯罪心理》。我以为这部剧很不一样。但我从来没想过在剧里他们会每晚、每天、每周、每年都在杀害、强奸女人。这对我的灵魂和人格都是非常有害的……我不是在评判那些犯罪题材爱好者的品位，但我确实担心这些剧集造成的影响。全世界的观众都把这个节目当作睡前故事。相信我，这可不是你想梦到的东西。"

有些人为了加剧人们对网络热点问题的恐慌情绪，故意散布耸人听闻的言论，我们应该多加警惕。无论是与日俱增的仇恨言论，还是制造公众分歧的宣传手段，或是我们自己在朋友和亲人之间传播恐慌，都会使我们忘记最初关注的核心问题，并且会造成更多的伤害。正如记者朱莉·贝克（Julie Beck）所说："焦虑不是行动的必要前提。"伊利诺伊大学心理学教授多洛雷丝·阿尔巴拉辛（Dolores Albarracin）博士进行的一项元分析研究发现，"恐惧情绪确实改变了人们的态度、意图和行为……如果你获得的消息不能让你行动起来，那么你就无法得到有效的结果。"换句话说，不要只是散播压力和焦虑给其他人，也要做出具体的行动、做出改变来解决眼前的问题。

＊＊＊

在谈到自己的小说《出走西方》时，作家莫欣·哈米德（Mohsin Hamid）分享了他的做法，他会有意识地留意自己的想法、注意时间的分配：

> 世界上所有的父母都担心自己的孩子。我们把他们送去学校时会发生什么？他们回家的路上会发生什么？我们不在他们身边时会发生什么？在某种程度上，每一位家长都觉得这个社会的善会照顾好自己的孩子。
>
> 但一些事实告诉我们，也许这个社会并不像我们希望的那样善良。也许面对这一切，我们有点束手无策。但对我来说，这是一个积极参与政治活动的好机会，因为社会要求我们每个人都参与进来。

社会不会自动变成我们希望的样子。

这也许是我在巴基斯坦时学到的，我们的生活被社交媒体推送、新闻等等所包围，这些信息会让我们变得恐慌。我们如此焦虑的原因是人类生来对危险的事物异常敏感。如果一个作家收到一条负面的评价，他会记十年。如果收到一百条积极的评论，他只会全部忘记。你向一百个人问好，这对你来说毫无意义。但如果你听到了一句带有种族歧视的评价，它会伴随你十年。

我们保留消极的东西，因为正是消极的东西在慢慢杀死我们。水中露出的鱼鳍——可能是鲨鱼。树后面那个棕色的东西——可能是狮子。你需要感到害怕。但是在现在的巴基斯坦，人们不断受到恐怖事件的袭击，所以我们非常焦虑。我认为很重要的一点是，要抵制这种焦虑，要想办法抵制不断涌入的消极情绪，不要因此而变得非政治化，而是要真正地积极应对，创造一个乐观的未来。

对我来说，写书和做一个关心政治的人就是我计划的一部分。我不想因日常生活而感到焦虑。我

试着去想象一个我想要的未来，然后写书，做一些
我能做的小事情，尽力创造梦想中的未来。

　　许多执行力强的成年人也许会理解从科技产品中解脱出
来的好处，但即使如此，他们也会遇到一些挑战。而心智还
在成长中的青少年可能还看不到这样做的价值，也可能只是
不知道该如何摆脱。

　　首先是理解科技产品背后的神经科学原理。《卫报》专栏
作家保罗·刘易斯（Paul Lewis）就这一话题写了大量文章，
并发表了一篇题为《"我们的思想可能被劫持"：害怕智能手
机反乌托邦的科技内部人士》的文章。在这篇文章中，科技
行业顾问尼尔·艾尔（Nir Eyal）解释了 App 和网站设计中常
用的微妙心理技巧，这能让人们养成类似上瘾的习惯，比如
开发一些需要用积极反馈才能安抚的负面情绪，或者通过人
们在网上得到的不同奖励来创造欲望。艾尔说："无聊、孤
独、沮丧、困惑和优柔寡断这些情绪往往会使人感到轻微的
痛苦或愤怒，并且能使人几乎立刻、无意识地采取行动来平
息这些负面感觉。"这听起来熟悉吗？每当我们觉得有点不舒
服，可能已经习惯于在电脑上打开社交媒体网站，或者拿起
手机刷个不停。

　　我们经常访问的网站和应用程序让人上瘾，那都是因为这些设计可以刺激我们的多巴胺系统。多巴胺促使我们寻求（并不断地寻求）奖励，然后大脑就会马上产生满足感。艾尔说："就算不说我们对科技产品已经上瘾，至少也有一种不可控的冲动。"洛伦·布里切特（Loren Brichter）是"下拉刷新"功能的设计者，此功能在手机应用程序中很流行，他分享道："智能手机很有用，但是它们会让人上瘾。'下拉刷新'的设计无疑也会让人上瘾……我开发这一功能的时候，还不够成熟，没有想到这一点。我不是说现在我什么都知道，但我变得更成熟了，我对这一功能产生的副作用感到遗憾。"

　　重要的是，我们要清楚自己能不能监控在网上花费的时间以及我们是怎么利用时间的。根据相关报道，甚至连那些科技公司的创始人也在采取措施控制外界对自己的干扰——安装网络浏览器插件取消新闻订阅、下载那些奖励他们不用手机的应用程序、关闭推送通知、把孩子送到几乎禁止使用电子科技产品的学校。艾尔就把家里的路由器连接到一个计时器上，每天定时切断互联网接入。

　　我们在努力更具有主动意识地使用科技产品，但也要知道，我们不仅对这些工具上瘾，其他每天接触的事物本身也可能存在问题。谷歌前工程师詹姆斯·威廉姆斯（James Williams）表示："既然科技公司可以利用一些心理方面的技巧设计出吸引用户的产品，那么他们同样可以呈现一些让人无法抗拒、激发用户冲动的内容。""当今的注意力经济激发了那些吸引我们注意力的科技产品的诞生。这也就使我们的冲动凌驾于主动意识之上，也意味着感性凌驾于理性之上，我们就更容易情绪化，更容易感到愤怒。"他接着解释企业和媒体是如何以及为什么按照这种原理呈现内容："新闻媒体越来越多地为科技公司服务，它们为了生存，必须按照注意力经济的规则来炒作、下诱饵、娱乐大众。"弹幕功能是通过激发用户更强烈的情绪来保持他们的注意力，这可能会对个人和社会产生极强的负面影响。威廉姆斯也承认这些东西已经渗透到生活中的各个领域，他说："这种现象不仅扭曲了我们看待事物的方式，而且可能会慢慢改变我们的思维方式，让我们变得不那么理性，更容易冲动。由于内化了媒体呈现的东西，我们已习惯于一种永恒的愤怒认知方式。"

给自己定规矩、设限制不仅是自我保护，而且有助于我们的文化发生积极的转变。我对与反恐专家团队的合作印象深刻。他们是一个要时刻做好应急准备的群体，而且必须随身携带各类通信设备。不过，所有人都聚在一起参加我们的会议时，负责的专家说："在这次会议上，我要请所有人，包括我自己，把所有的科技产品都放在一边，这样我们才能真正融入会议。"关掉笔记本电脑放到一边时，大家似乎都长出了一口气。无论是决定以不同的方式召开会议，还是为你自己、家人和朋友设定一个无科技产品日，任何微小的变化都可以帮助我们在对抗压力时增强自己的内在能力。

学会感恩

留意我们把注意力放在什么地方，主动培养感恩的态度，这两者的结合是非常强大的。每周都有那么几次，我会想起几年前和我一起工作的一位法官。在一个针对法官的长期小组培训课程即将结束时，我们一起讨论日常生活中可以做点什么以帮助我们撑下去。那位法官坐在那里，周围是来自全国各地的同事。他缓缓地开始发言："每天在所有庭审都结束后，我强迫自己坐在那张长椅上，我会把当天发生的事情都再现一遍。我试图找到一件事——即使只是我做出的一个裁决——可能减轻一个孩子生命中所受伤害的事。如果我没有每天都这样做，我会淹没在琐事的绝望中。"

我们本能地知道感恩可能会让人感觉良好。科学研究证明了这样一种观点，即感恩对个人健康和集体的健康都有重大影响。当我们产生感激心理时，大脑中感受与人接触、与人交流的那部分被激活，会释放出多巴胺和血清素等神经化学物质。正如神经科学家安东尼奥·达马西奥（Antonio Damasio）博士所说："感恩回报慷慨，确保健康的社交行为维持循环。"

感激每一件值得感激的事情非常有利于一个人的自我发展。当其他枪支暴力幸存者问杰伊·沃德（Jay Ward）如何应对整件事时，他说自己从哥哥的葬礼回来后就去看了医生。杰伊表示他不知道自己该如何活下去，一点都不知道。他的医生轻声对他说："杰伊，如果你可以试着过好自己的生活，好好地生活，那就是对你哥哥最好的纪念。"好好生活成了杰伊的人生信条，他参加铁人赛、出国工作、和小侄女一起练体操。他不再觉得任何事情都是理所当然的。科林·华纳（Colin Warner）因为误判在监狱里度过了 20 年，别人问他出狱后是怎么生活的，他谈到了专心和感激，并分享道："我如今的职责就是努力忘记那段经历。"

退一步想想，我们完全有机会做出贡献，在世界上产生积极影响，我们应该对此心存感激，这有助于我们开阔视野、减轻压力。

> 我从没见过图图大主教错过感谢别人的机会。
>
> ——道格拉斯·艾布拉姆斯
> （Douglas Abrams），作家

我们应该尝试一些表达感激的方式，然后使之成为每天的仪式——无论是专注于进展顺利的事情，还是告诉自己一些值得感激的事情。这可以很简单。入睡前、起床时，想想你想要感谢的事。在许多文化里，人们都会在吃饭时表达对食物的感激，或者分享他们一天中经历的事。我认识一些教师、工会领袖、记者和 CEO，他们会在聚会时抓住机会，邀请每个人说一件他们感激的事。只要让每个人都说一件他们注意到的发展顺利的事情就可以，即使是这样的小事也能激励我们走出现实的困境，走向充满可能的未来。

制定规矩　开阔视野

生活苛求我们太多，周围的诱惑不断，世界上正在发生各种各样极端的事情……要想主动做一些想做的事情，而不是被迫做些什么，确实很难。要给自己制定规矩，但要适度。这就像调整吉他弦：太紧了，会断；太松了，则弹不出

理想的声音。

　　无论在我们的个人生活里，还是在集体历史中，有些事情似乎是无可救药的，心存感恩和希望的理由已经深陷到悲痛的海平面之下，以至于我们不再相信它们的存在。但我们内心有一种神圣的能力，能够超越这些具体的事件，看到更广阔的风景，尽管那里也并非完美，但我们也能找到最真实的慰藉，而不是虚幻的宽慰：我们需要的就是这种视野。

——玛利亚·波波娃（Maria Popova）

　　当我迷茫的时候，大脑会无意识地想起生命中最悲伤的时刻之一。一生中，没有什么比生孩子更让我渴望了。我特别希望有一个家庭，再加上我多年从事创伤治愈工作，见证了无数可悲的事情，这些都让我有了许多难以忘记的回忆。

　　我第二次怀孕时，我们的第一个女儿才 18 个月大。某种程度上我当时有些神经衰弱——因为有一个孩子要照顾，还要继续工作。后来我才知道，在整个孕期我实在是太过焦虑了，以至于最终发生了不幸的事。大约怀孕 8 周后我开始出血。我每次怀孕都或多或少有强迫症的症状，上厕所时总会小声祈祷一句："请不要有任何血迹。"每次都没有。但这一次，出现了血迹。虽然我一直在想"这不是真的，这不是真的，这并不是我想的那样。这不是真的！"但几个小时后，我在家里流产了，事情就那样发生了。浴室的门开着，我抓住水槽，试图让自己从钻心的疼痛中冷静下来。

我女儿突然出现在浴室门口，那是我对这场残酷的折磨最深刻的记忆。阳光射在走廊里，她那金色的爆炸头闪闪发光。她想吃苹果。

只有我们两个人在家，我的孩子正在耐心地等我拿给她苹果，而我正在流产。那时我觉得把注意力转移到其他事情上——看起来无关紧要的事情上——实在是太有用了。我努力调整，集中精神，把注意力转移到她的要求上。我走进厨房，找到了一个苹果，洗好切好后拿给女儿。当然，当时我不知道那种疼痛会持续多久，也不知道流产带来的痛苦会伴随我多久。但我有时会回想起那一刻，记起把注意力转移到别的地方带给我的安慰，也记得专注于其他事而不是眼前发生的事不是背叛，而是另一种处理方式，一种更高层面的处理方式，有时，那是我们唯一能做的。

一次会议上，历史学家、作家多丽丝·古德温（Doris

Goodwin）阐述了给自己定规矩的优点。她列举了一些美国总统的名字，这些总统经常写信，但从来没有打算寄出去，这令人印象深刻。他们写信是为了充分表达自己的情感，代谢自己的经历。在如今这个数字时代，这种做法看起来尤其讽刺。通常我们说的话、在社交媒体上发表的言论和帖子承载了太多冲动，我们没有仔细考虑。我们很少考虑自己的话会对他人产生怎样的影响。

〰〰

如果我们尽可能发挥主动意识、克制冲动，就能更好地做出有利于长期发展的决策。如果我们能与自己的情感建立亲密关系，就知道该如何有效、有价值地控制这些情感。

我们必须对人类有清醒的认识，因为我们仍然是彼此唯一的希望。

——詹姆斯·鲍德温（James Baldwin）

第五章

不要脱节　活在当下

　　我家的罗威纳犬不幸患重病，它很强壮，需要大量的止痛药，所以我们给它的镇静剂基本上和给马的量一样。一家人都在照顾它，孩子们负责让狗每天吃药。有一天，孩子们都不在家，我负责喂药，我抓起一把给狗吃的药时突然想："我上一次吃保健品是什么时候？"然后随手就拿起我手上的药片吞了下去。过了一会，我转身看到柜台上我的维生素药片就在那没动过。在那一刻，我意识到自己刚刚吃了给狗准备的药片。

　　我呆立在原地，过了一会儿，决定给兽医打电话。只给兽医打电话还不够，所以我给毒控中心也打了电话（要知道我以前从来没有给毒控中心打过电话。因为孩子们从来没发生过类似事件）。药剂师接了电话，我说："我做了有史以来最蠢的事。"然后开始详细描述发生的事情。我说完之后对方明显愕然片刻，然后说："这种事……倒也常有。"

　　也许你也曾经有过这样的时刻，你知道安慰你的那个人说的话并不都是真的。我相信这种事肯定不常见：某个 47 岁的女性打电话给毒控中心，就因为她不在状态，与自己和周围环境都有些脱节，以至于误吞了罗威纳犬的药物。但在那一刻，我并不在乎对方说的话是不是真的，因为那时候有一个人能够出现，并告诉我不只我一人犯过类似错误，这就让我非常放心。

一份又一份报告记录了——尽管越来越先进的科技旨在让人们的思想和信息联系更紧密——各个年龄段的人们都有越来越明显的脱节现象，无论是社会层面，还是个人层面。为什么？因为我们的身体、思想和精神是有一定负荷限度的。当"过载"时，我们可能就会无意识地"断开连接"，因为身体实在无法承受更多，或者仅仅是自我感觉无法承受更多。脱离自我、脱离周围的环境可能是一种有意或无意的策略，用来帮我们撑过那一天，我们也会在不自知的情况下与自我、与环境脱离。

一次恐怖袭击后，我和一个 18 岁的幸存者聊天，我问她感觉如何，她回答说："我尽量不去想太多。至少现在不去想。如果我试图去想，就会超出我的承受能力。"像这样的自我保护意识是一种天赋。虽然有时保持距离（甚至是与自己的距离）确实会有所帮助，但至关重要的一点依然是，我们要非常敏感地识别出那样的情况，下定决心尽可能快速地、完全地重新回到现实中来。

脱节是什么样的？当我们无意中与现实脱节的时候，我们常常会非常麻木。我们会陷入精神游离中，一边做一些事情，一边却不知道为什么要做。如果我们没有全身心地投入当下，可能会产生非常严重的后果，也会大大影响我们与他人的交流和关系。

幸运的是，如果我们学会活在当下——也就是对正在发生的事情有意识——就可以减轻压力。我有个朋友是一家大型科技公司的律师，他在母亲去世后说："当下？！我不想活在当下！我想去离当下最远的地方，什么时候都行！"当我们觉得有些情况无法忍受的时候，就退缩、妄加评判、操纵别人或逃离现实，但是这样就错过了消化这些逆境的机会，也错过了做出改变的机会。我们应该努力与自己的思想和感情保持联系，而不是被内心的动荡所左右。

感到脱节？

我们之所以关注自己是否与现实脱节，部分原因是当我们陷入脱节时，就无法正常判断自己是否在造成伤害。一个多年从事少年管教的朋友和我分享："孩子们都说——包括我自己的孩子在内——我就像一个铁皮人，没有任何感情。"

处在脱节状态下，我们甚至没有能力照顾好自己，进而与家人、朋友的关系也会受到影响，我们向外呈现的形象也会受到牵连。

与现实脱节的另一个严重后果是，我们将无法面对现实。这一点无论是在日常生活中还是在重大关头都很重要。我们一次又一次从生活中学到，即使不能改变某一事件的结果，但只要勇于面对，多少还是有用处的，至少能减少造成的伤害，使情况稍稍得到改善。有时候，我们能做的只是面对而已。

也许你经历过这样的事情，即使最终的结果不能也不会被改变——学校说让你停课，你就得停课；说降薪，就得降薪；诊断结果不佳，那就是仪器检查的结果——但参与其中的有资源、信息或权威的人（校长、会计或是医生）能出现在你面前，与你进行交流，就可以在很大程度上减轻痛苦，防止你做出会造成伤害的事情。

我接触过很多案例，非常清楚工作环境是怎样培养出最佳员工和最差员工的。显然，航空公司呼叫中心的工作人员、票务代理、机场保安、空乘人员以及其他旅游业从业人员都是工作压力很大的人群。但对于杰伊·沃德来说，在他知道哥哥被谋杀后的几个小时里，机场工作人员对他产生了重大而持久的影响。那天，每一位工作人员都努力陪在他身边，给他支持。

他父母在电话里告诉他亚当去世的消息，尽管他无法从焦虑的父母口中了解到更多消息，但他清楚地听到他们恳求"快点回来吧，快点回来"。杰伊和妹妹不在一个城市生活，他俩都离父母所在的城市很远。一个朋友代表杰伊联系了航空公司，当天的值班人员都竭尽全力提供帮助。航班上的座位都安排好了，这样杰伊和他的妹妹就能在转机时见面。航空公司的护送人员在机场迎接他们，引导他们通过安检，并把他们带到候机休息室。

后来航班取消了，他俩在第一次转机时也没碰上面，但是每一位工作人员都竭尽所能地安排他们见面。他们不停地穿梭在各大机场的停机坪和大厅里，同时还得注意不让这兄妹俩看到机场电视上不停报道和重播的那起枪击事件。在飞往父母家的最后一个航班上，飞机上挤满了记者，他们来是为了报道这起事件，也为了对遇难者表示悼念。空乘人员站在杰伊和他妹妹身旁，确保他们不会受到不必要的骚扰，最后把他们送到在机场等候的亲人身边。

杰伊跟我提到过许多帮助他和家人渡过困境的人，但谈到机场工作人员时他尤为动情。也许因为他们不是他儿时的朋友，不是邻居好友，甚至不是他生活圈里的一员；也许因为那些人——每一个在那一天帮助杰伊和妹妹尽快横穿全国见面的人——都纯粹是出于人性的善良。他们没有讨论枪支问题，没有讨论工作场所安全或其他问题。他们每个人都是自发地想要贡献自己微薄的力量，陪在受害者家属的身边，从容、有尊严地向他们提供服务。

渡过困境几年之后，我们可以想想当时事情到底是怎么发生的。有时我们印象最深刻的是某个人，他做了一些不一样的事情，无论结果怎样。无论在什么场合，我们每个人都有无数的机会来发挥自己的作用，只要让别人感受到自己的存在就可以。我们有能力出现在其他人身边，贡献出自己的力量。

学会活在当下

好消息是，脱节这种情况通常是可以补救的。每个人都有一个内在生态系统，需要我们多多照料。当我们把注意力集中在照顾自己的思想和身体上时，积极参与、活在当下就顺理成章。一旦我们稳定了内部系统，身体和头脑变得更加可靠，就会更容易平静下来，更容易对周围环境有清醒的认识。

排毒

首先，我们需要安排一项专门的、日常的排毒工作。该怎么做呢？其实有无数种选择。你可以戒掉或减少生活中那些可能有毒、有瘾、有害的东西，无论是酒精、药物、精制糖、咖啡因、尼古丁、高度加工食品，还是电子设备。另外，多喝水。说起来容易做起来难，一步一步走，少即是多。

有一次我和一大群人讨论，如果24小时内我们不碰平常依赖的一些东西，那该如何度过那一天，我很喜欢那次讨论。每个人都会有一些习惯，虽然未必是上瘾，但是一想到要和那些东西分开，我们就会感到非常不安。当你的手机不见的时候，哪怕只有5分钟，你可能就不太舒服了。出现这种情况时就要注意，也许该考虑采取一些措施让自己"戒毒"。

控制你的呼吸：冥想、瑜伽

一旦我们开始谨慎对待已经吸收的东西，就可以考虑多做些努力来代谢、减轻压力。从效率和效力而言，控制呼吸是最简单的，许多古老的文化都把控制呼吸当作一种常规手段来调节神经系统，帮助我们更好地聆听心灵的声音。《绝命毒师》主演吉安卡洛·埃斯波西托（Giancarlo Esposito）谈到冥想和瑜伽时说："这拯救了我——可能把我从迷失当中解救了出来。因为通过冥想和瑜伽，我能够远离那些困扰我的事情，也能从忙碌的大脑中解放出来。"

要想达到理想的效果，关键是找到一个适合自己的方案，也要根据外界的情况随时准备改变方案。我的堂兄约拿·利普斯基（Jonah Lipsky）花了很多年学习冥想，还参与了布朗大学的一项研究，这项研究提醒我们，有时人们会在冥想期间或之后遇到问题。我们不一定非得静坐，动起来也许更好——不管是练习太极还是散步。

瑜伽是另一种练习方式，人们发现练习瑜伽有助于神经发育、提高长期记忆力，也能很好地减轻创伤后应激症状，包括减少一些侵入性的想法，防止出现思想与身体分离的情况。巴塞尔·范德考克（Bessel van der Kolk）博士说："自我执行能力始于科学家所说的内感受，即我们对微妙的身体感觉的意识：这种意识越强，我们就越能掌控自己的生活。了解我们的感受是什么是了解我们为什么会有这种感觉的第一步。如果我们能够意识到内部和外部环境的变化，我们就可以行动起来。"

积极主动

积极主动是很有好处的。任何时间、任何方式都可以，让自己主动起来，包括头脑、身体、精神。

~~~~~~~~~

体能水平、财务状况、时间都不是障碍。用心、刻意地呼吸——确保我们的神经系统处于活跃状态，这在生活中的大多数场景都能做到，有无数种选择。除非医生建议你不要剧烈运动，否则应该多多锻炼，科学证明提高心率、多出汗有实实在在的、长期的好处。找到适合你自己的方式，然后每天坚持下去。

运动，即使是快步走，也能增强体力、提高大脑中血清素的含量，这有助于让大脑更加清醒，从而更能让人活在当下。知名歌手布鲁斯·斯普林斯汀（Bruce Springsteen）在自传里提到了自己生活中遇到的挑战，包括他一直在与焦虑和抑郁作斗争。他长期坚持体育锻炼，并表示这对治疗焦虑有很大好处，"当你累到没时间焦虑的时候，你就终于可以专注当下的事情了"。

感到压力是焦虑症的一个常见症状。美国心理协会的研究表明，经常锻炼可能会降低人们对一些负面情绪的敏感度，比如在进行强体力劳动时，在恐慌发作时，又或者是一些常见的焦虑症状，比如心率加快、呼吸急促、出汗过多。因此，当焦虑和压力出现时，就显得不那么可怕了。我曾经和一个长期与严重社交焦虑苦苦斗争的大学生聊天。她是一位运动员，她说："肌肉酸痛的时候，我会想到自己为了训练这么能吃苦，连这个都能做到，那我一定可以在校园里抬起头看别人的眼睛。"

如果这还不足以说服你，那就看看这个：经常进行体育活动的人猝死的风险要比一般人低30%。看到现在这么多人重新思考运动的意义，我很欣慰。例如，"运动是良药"是由美国运动医学学会发起的一项倡议，该倡议已扩展到全球范围，鼓励医疗服务人员在患者每次就诊时都要评估其体育活动水平，提供指导方针、建议和资源来帮助患者改善身体健康状况。

如果你总是断断续续地坚持运动，不能把运动当成日常生活的一部分，那么把运动看作是一种治疗药物、一种预防性护理或治疗手段，可能会帮你坚定长期运动的信心。尽可能地把运动当作首要任务，找到坚持下来的办法，视之为机会，而不是负担。如果你偶尔忘了运动，没关系，随时给自已留下补救的机会。

睡眠

如今的科学家正在加倍强调睡眠的重要性，睡眠对我们清醒时的状态至关重要。

罗切斯特大学的一项研究表明，如果没有睡眠，大脑就无法清除毒素，无法清除神经元通道中的液体，以至于不能维持高功能的日常活动。排除毒素可以增强我们的免疫系统，让细胞、组织和肌肉能够自我修复。哈佛医学院医生兼睡眠研究员查尔斯·齐斯勒（Charles Czeisler）博士说，这是"第一个在分子水平能够直接证明为什么我们需要睡眠"的实验证据。

我接触过很多青少年，他们都表示特别需要睡眠，但又常常无法顺利入睡。若干次的讨论中，我听到了许多种不同的问题，有人恐惧夜晚，有人需要陪伴，有人依赖电子产品，还有人睡前会陷入思维活跃。如果你不能睡够身体需要的睡眠时间（每个人都不一样），专家提供了两种方法：第一，寻求外部帮助；第二，规定睡眠时间。即使作业没做完，房子没打扫完，或者看的那一集电视节目还没结束，通通不去理会，睡眠是第一位的。你需要制订相应的计划，保证任何情况下睡眠优先。

增加户外活动时间

花时间亲近大自然也会净化人的心灵，在许多文化中，这被认为是一种有积极意义的预防性活动。森林环境可以降低皮质醇水平、血压和交感神经系统活动水平。日本学者的一项研究表明，大自然对我们的身心健康具有毋庸置疑的好处。与生活在城市的人相比，那些能经常享受"森林浴"的人心率明显更低，并且研究报告显示他们的状态更加放松，压力也更小。多在大自然中走走也能提高记忆力，减少焦虑、胡思乱想和负面情绪。

有证据表明，接触泥土里的微生物可以增强我们的免疫力，还能让人心情变好。儿科神经科学家玛雅·舍切特－克兰（Maya Shetreat-Klein）博士说："我治疗病人时，想知道他们产生这些问题的根本原因……我所了解的是，最终，这一切都始于泥土……我们身体内部的情况与身体外部的环境是紧密相连的。"她还解释了泥土的抗抑郁作用："当我们与大自然接触时，会接触泥土，那时土壤就会对我们的身体和大脑产生影响。如果你在种花或爬山时感觉很好，可能一部分原因是母牛分枝杆菌在发挥作用，那是一种通过鼻腔或皮肤进入身体的微生物，可以增加血清素的含量。"

尽管科学越来越发达，但即使在西方医学界，也有越来越多的人呼吁把与接触大自然当作治病的手段。借助一些相关的项目，数十个国家的医生都在给病人开类似的处方，要求他们必须在大自然中待够一定时间，可以是公园、小径，也可以是简单的开放空间。并不是只有翻山越岭、穿过溪流才算与大自然接触，在户外待上几分钟，看看周围的树，感受从树叶中穿过的阳光，你的神经系统就会得到调节，也能更好地专注眼前的事情。

多与动物接触

动物对处于压力下的人能产生一种令人难以置信的积极影响，这一点让我特别感动。我心爱的罗威纳犬小迦勒是一只治疗犬，跟了我们好几年，但是我仍然没有完全搞清楚动物是怎么缓解人的压力的。我第一次了解相关的知识是通过一篇关于奥运会参赛运动员的长文。运动员们受邀介绍他们训练和比赛时最头疼的事，也要谈谈回家最期待的事情。当被问到最想念什么时，几乎每一个运动员都说："我的狗。"

有一次我在自己举办的讨论会上问大家靠什么来自我更新，有一小部分人的回答是某个人或某些人，但大部分人的回答是："我的狗。"

与动物相处的好处不可低估，科学研究发现这可以刺激某些生理反应——减少压力荷尔蒙，提高 β - 内啡肽、催产素和多巴胺的水平。无论你是和猫咪一起打盹，主动参与马术治疗，还是选择带着狗狗散步，又或者只是看看窗外的鸟儿，与动物建立某种联系真的会非常治愈。

第六章

放下执念　多些好奇

一天深夜，我快到加拿大边境时，仔细想了想该怎么对
边检人员描述入境原因。第二天早上，我要参与一项印第安
族群的临终关怀工作，考虑到过境时经常有人被拒绝，我决
定告诉他们实话，尽管"去度假"是一个不错的借口。

亭子里的边境巡逻员打开小窗，问了我一些基本的问
题，他看起来还不错。然后，他就开始问我为什么要去加拿
大。我说："我有工作任务要和你们国家的某些人共同完成。"
他看了我一眼，就在那一瞬间，气氛好像变了，彷佛我瞬间
就被他定了罪。我脑子里突然冒出一些离奇的念头："我吞下
了多少袋毒品？我的车里有多少尸体？"当时我紧张极了。

巡逻员问了我一个又一个问题。他问的问题是合理的，
但他的态度很不友好。就这样的常规情境来说，他有点过于
紧张和严肃。我非常配合，礼貌地回答了他的一长串问题，
然后他说："好吧，我需要你跟我们去一下那栋楼。"

这显然是个不好的兆头，去边检办公楼可不是什么好
事。我看到一个边境巡逻员坐在电脑旁边，周围站着很多他
的同事，有很多看起来很紧张的人在排队。等了很长时间，

他们叫到了我的名字，然后，那个之前在亭子里问话的巡逻
员和电脑前的巡逻员换了位置。我排了那么长时间队，结果
还是遇到了那个一开始就问我问题的人。

　　不过，这位边境巡逻员一点也没懈怠，他还是很紧张、
很严肃。我也很耐心，向他展示了我明天要用的材料、我的
网站，提供了在加拿大与我接洽的人的联系方式……这位巡
逻员的状态始终紧绷着。之后他出去了至少 5 分钟，回来后
粗声粗气地说："你可以走了。"我小声说了句"谢谢"，转身
离开。当然，我离开时的第一反应是看看附近有没有意见箱，
我想给这里留下点建设性的意见。但仔细想了想后，我强迫
自己走向门口。没想到我才离开座位走出几步，他又说："不
好意思，请稍等一下。"

　　我深吸了一口气，祈祷着千万别又有什么事。他从桌子
那边探过身来，直到离我不足一米的距离。他看向我的眼睛，
缓慢地轻声说："你的工作还挺有趣的！"

　　什么情况？突然他就变成了阳光先生？言语这么招人喜
欢，这么善良！我不知道这个家伙刚才去哪了，刚才他的另
一个人格还在严厉地审问我，但是现在这个人完全不一样了。

　　他告诉我，他之前在军队待了很长时间，他的军队同事
有一半都自杀了，也谈到他们在做一些工作，想要改变加拿

大国内对待创伤后应激障碍的态度。他问我是否愿意为他的
同事做培训。我主动提出可以送给他一些我第二天带去培训
的书，但让我深感意外的是，他说刚才已经在网上下单买了
一本，而当时我还焦急地在等待区排队。他给了我一个大大
的拥抱，像是我刚认识的好朋友一样。

　　有些时候，我们一会儿把自己打开，一会儿又关上，就
像有个开关一样。我们会深深地陷入一种对自我的认知中，
那个时候我们可能就会变成这种人：想要掌控别人、想要掌
控手头的一切。

　　那个边境巡逻员在那么短的时间里就像变了个人一样。
我不知道他回到家里是什么样子，我不知道他在孩子的学校
是什么样子，我不知道他怎么对待非洲裔、拉丁裔，也不知
道他怎么对待来自其他国家的想要入境的人。但是，他把自
己的权力看得太重，这是显而易见的。但是最后他叫住了我，
就把那个"开关"关上了。我也不知道我离开后，他又会是
什么样子。

　　认清对事物的执念程度可以帮助我们更好地调整自己。
我们展现出来的姿态、音调、步调——我们在陌生人或熟人

面前呈现的一切元素——要保证在当时的情境下是合理的。如果我们不注意这点，就可能会做出不合时宜的事情，而且会产生严重的后果。我们要不断自我反省，不能随心所欲，要放下执念，那样就能成为心目中的自己，无论是社交时的自己，还是回家后的自己。

　　我们的大脑就像一台分类机，收下各种体验，把它们分为熟悉的和不熟悉的、好的和坏的——比如把新认识的人分为朋友和敌人。我们的状态越饱和，分类机就越是超负荷运转，越容易草率做出判断。这也是执念的标志。如果我们学会放下，坦然应对，不限制自己，对各种事物充满好奇，我们就不会感到令人窒息的压力，就可以轻松地生活。

　　　执念是痛苦的根源。

　　　　　　　　　　　　——一行禅师（Thich Nhat Hanh）

看得太重？

　　要想解决压力的问题，首先就要仔细想想我们在生活中有多少执念。经历本身往往不是最大的问题，问题在于对待这些经历的态度，也就是执念。

　　执念的表现形式有很多种。我们可能把自己的身份看得太重——无论是作为边境巡逻员、官员还是管理者，无论是在学校还是在军队服役，或者是作为父母、外科医生或经理。很难区分一个人对于自己角色的情感是自豪还是执念。一种人认为"我每天都做好自己，尽己所能，但这并不能定义我"，而另一种人却扬起下巴大肆谈论他们是如何征服这个世界的——要么是因为我们非常看重自己的身份角色，要么是因为我们已经没了"身份"。

　　当人们执着于自己的身份时，往往就会束缚自己。我们需要解除束缚才能获得更健康的视角，要不断提醒自己在社会角色背后的我们到底是谁。如果一切都被剥离，所呈现的会是什么？

　　执念的另一种表现方式可能是死板的行为模式和教条主义的思维。我们变得越来越不谦逊，渴望一种踏实的感觉，对某些人来说，这意味着陷入一种不是好就是坏、不是对就是错、不是支持我就是反对我的怪圈。这种态势可能出现在孩子的教育问题上，或者出现在夫妻、朋友、团体关系中。

可悲的是，全世界并不缺少由于思维封闭而导致可怕后果的例子。当然，封闭的思维就像一个军事防御矩阵，往往是因恐惧而产生的。

当我们过于重视自己所做的事情、人们期望我们所做的事情以及别人对我们所做的事情的看法时，我们就会对自己成功与否过分在意，因此也会偏离正轨。

在从事这项工作的这些年里，我听到过很多成功人士说不再（至少是暂时的）思考正在做什么和为什么要做这些事情，因为关于这两点的各种想法会导致他们的事业停滞不前。有一位曾经与我共事过的医生，她的工作一度陷入争议，甚至成为轰动一时的新闻，她曾对我说："我现在比当时好多了，这是因为去年我花了一整年的时间好好审视自己、提升自己。"她犹豫了一下紧接着说道："没有什么能和看到自己出现在机场大屏幕里的CNN新闻中相比较。"

另一种会导致广泛伤害的执念表现形式是贪婪。无论是生活中看到的小小的贪欲涟漪，还是在更大层面上盛行的、毁灭性的、固步自封的价值观和权力滥用，时常就贪欲与自己进行真诚的对话至关重要。有时我们觉得自己有权获得地位、获得资源或者超越他人，这些感觉一开始可能只是一种倾向，但不久就会固化为执念。如果内心的贪婪正在转化为造成伤害的行为，那么我们就要停下来好好想想，探索一下其他可行的方式。

我发现"我只是在做自己的工作，与这个过程的结果没有任何关系"这种立场——很多人都会这样说，他们都会把现状归咎于环境——会导致孤立的、不人道的、不负责任的行为。当人们不为自己行为的结果承担责任时，可能会产生严重的后果，即使只是微小的行为，也可能累积起来，对那些被困在系统中的人造成更可怕的后果。

保持好奇心

思考如何处理执念这个问题时，我想起佛教的一种思想，佛教强调人要一直像初学者一样，或者说要永远保持一种开放和渴望的态度，不要有先入为主的观念。要多体验新鲜事物，保持好奇心、学会包容，不要假装万事都处于自己的掌控之中。

一般认为孩子比成年人更具好奇心，但有些情况下，他们并不那么想接触新鲜事物，因为他们觉得自己在那些情况

下没有掌控力。NW 心理研究所联合创始人凯文·阿什沃思
（Kevin Ashworth）指出，智能手机会使焦虑的年轻人产生一
种错觉，让他们觉得万事都在自己掌控之中，都是"确定"
的，这些年轻人非常渴望管理好自己周围的环境。

　　我想像河流一样生活，生活在自身不断带来的
惊喜之中。

——约翰·奥多诺（John O'Donohue）

　　放松身体是非常有帮助的，做起来很简单：感到紧张时，
试着慢慢呼气，肩膀下沉，下巴放松，来来回回张开、合上
手掌。这样的小练习可以在教室、会议室、打电话或通勤中
进行，并不需要很夸张的动作。

培养谦逊之心

　　谦虚是一种美德。当我们觉得自己很擅长某件事时，学
会谦虚就尤为重要。如果我们学会了谦虚，就可以避免那些
由于自大而不听取他人意见的情况，比如"我知道作为十几
岁的青年是什么样""我知道做父母是什么样""我知道做这
项工作是什么样"这些情况。如果学会了谦虚，我们在擅长

某些事情的同时，还会对尚未学到的一切保持好奇心。如果我们能够也愿意让别人纠正我们的错误，就会变得更加灵活，也能体验到学习新事物的满足感，还能避免掉入二元思维的陷阱。

电影制片人肯·伯恩斯（Ken Burns）曾创作、导演过一些广受欢迎的历史纪录片，他谈到关于制作纪录片时，保持谦虚、随时准备接受新事物是多么重要："我们最需要忘记的就是事物的确定性。因为我觉得我们一直都是这样，特别是现在，我们总是很确定每个人都在自己牢不可破的茧里，但当你放手的时候，就会有一种不可思议的解脱感。"

谷歌前人力资源高级副总裁拉兹洛·博克（Laszlo Bock）在面试候选人时，最看重的品质之一就是谦逊。但他承认，谦逊这一特质在成功人士中很难见到，因为他们很少经历失败，因此不知道如何从中学习。博克指出："如果你不谦逊，你就无法学习。"

为了更好地培养谦逊这种品质，要试着在不同领域以轻松的心态学点新东西，学会自我同情，然后把这种"不用装作什么都懂，随时都可以寻求他人的帮助"的状态转移到生活中的其他场景。

明确意图

如果我们在工作中保持好奇心，就可以努力减少对结果的关注，继而将注意力转移到我们所从事的工作目标上。当我们反复重新审视自己在做什么和为什么要做时，对结果的焦虑就会得到缓解：我们做得还不够，就应该做更多。

尤其当我们处理重大问题时，成功的彼岸看起来很遥远，成功的标准也很难衡量，这时候我们就会一直关注手头事情的进展及做事的方式，而不是专注于我们为什么要做、目的是什么。

参议员科里·布克（Cory Booker）曾在对宾夕法尼亚大学毕业生演讲时说："我们绝不能因为自己没法做到事事完美，就不动手去做事。"在大家集体创造重大变革的进程中，个人想要成功的愿望往往不是重点。

作家、历史学家丽贝卡·索尔尼特（Rebecca Solnit）曾说："大多数成功都只是暂时的，或者是不完整的，其基础还常常不够坚实。"把大部分时间和精力投入那些在个人掌控范围内的事情是明智的，这样才可以在那些只能由集体协作完成的事上取得进展。

对目标是什么以及"成功"意味着什么充满好奇是有价值的。生活中处处有风险，必须确定哪些风险在个人掌控之内，哪些在个人掌控之外。要有效利用自己能掌控的因素，并要对自己所做选择的后果负责。

因为许多人在某种程度上可以掌控他人的命运（比如我们怎么与孩子或亲人相处，谁应该被判刑，谁的孩子要接受寄养，谁获得奖学金，哪种治疗会对病人有所帮助），所以我们必须做到高效——对自己的方法有信心，对自身的行动有责任感。如果我们的行为能对他人产生影响，那么仅仅为了做事而做事是不够的。想要做到高效，就要消除"我要做正确的事"这种执念，也不要总是固执于某种行为模式，而要对人们在做什么、什么条件在发挥作用、什么造成了这种情况以及如何减轻伤害保持好奇和求知欲。

不要指望会有结果。你可能不得不面对这样一个事实：你的工作显然毫无价值，甚至根本没有任何结果，如果不这样的话，结果可能与你所期望的相反。当你习惯了这个想法，你就会越来越多地

把注意力集中在工作本身的价值、正确性和真实性
上，而不是只看重结果。

——托马斯·默顿（Thomas Merton），作家

这些原则在某种程度上也超出了个人预期的范围，延伸
到了整个行业结构的预期层面。对那些实用主义者来说，存
在一种非常微妙的平衡，在对未来充满信心和动力的同时，
又会始终坚持富有同情心的现实主义。

学会自重，辨别是非

我们寻求平衡，努力追求自己想要的，尊重我们所知道
的（以及我们各自的能力范围），同时努力与他人共情，并认
识到"我所不知道的事情很重要"。我们的目标是在拥有初
学者的心态和不受他人影响之间取得平衡——既保持谦逊，
又不把自己的想法和头脑拱手交给他人。

当我们坚持下来并且验证真相时，我们不会再以为自己
知道的比实际知道的多，同时也不会再假装知道自己不知道
的事情。这种做法给我们提供了一种解毒剂，以消除"解释
深度的错觉"。

认知科学家史蒂文·斯罗曼（Steven Sloman）和菲利

普·芬巴赫（Philip Fernbach）教授做了一项关于社交能力如何影响人类思维功能的研究。他们证实，人往往会依赖于其他人的专业知识，并同意别人的（可能毫无根据的）观点，因为他们已经变得依赖于他人的想法。"一般来说，对问题和事件产生的强烈感觉不是来自内心深处。""如果我们——或者我们的朋友，或者专家们——不花那么多时间发表高论，而是更努力地去理解政策提案背后隐藏的含义，我们就会意识到我们是多么无知，并且不再那么激进。"

在我们的人际关系中，不管是先天还是后天，如果可以做到自重、对外物保持好奇心，那么意义将会十分重大。了解你是如何与外界联系的，以及你的家人、朋友和同事是如何与外界联系的，可以帮助你度过那些艰难的时刻。

> 我胸怀宽广，能容纳很多人。
>
> ——沃尔特·惠特曼（Walt Whitman），诗人

萨拉·戈尔曼（Sara Gorman）博士和杰克·戈尔曼（Jack Gorman）博士在《向坟墓说不：为什么我们忽视那些能够拯救我们的事实》一书中探讨了为什么被科学证明的东西和人们相信的东西之间仍然存在差距。他们的研究表明，人的大

脑在处理支持自己信念的信息时，会体验到真正的快乐——多巴胺激增。确认偏误很诱人，但批判性思维可以帮助我们站稳脚跟。

现在有越来越多旨在帮助个人和社区提升认知素养的项目，从儿童开始，磨练识别错误信息和虚假信息、运用自我反省和个人洞察力的能力，这让我深受鼓舞。在当今的社会环境中，具有辨别力，能够掌握如何正确分析呈现在我们眼前的信息的能力是极其重要的。正如记者比尔·莫耶斯（Bill Moyers）所说："神学院是我的问题得到解答的地方，而生活则是我的答案受到质疑的地方。"

让我们用善意缓和戾气。没有一个人是全副武装的。

——卡尔·萨根（Carl Sagan），
天体物理学家、作家

第七章

避免过度劳累　学会持久作战

　　能躺在安静的办公室里，听着熟悉的声音，触碰着柔软的床单，我很感激。我太累了。我和我的针灸师在针灸针生效之前聊天，我问他我是不是可以在劳累的一天结束后做些什么，来产生那种感觉，那种类似在高强度锻炼后身体系统充满血清素的感觉。他停下手里的工作，明确地说："除非你注射兴奋剂。"我当然不会走那条路，但我也已经探索了很多方法，来帮助自己摆脱那种像一波接一波的潮水一样把我推到永久性疲劳中的感觉。

　　和一个朋友闲聊时，我问她是否偶尔会感到疲倦。她呼了一口气，无奈地说："我现在能力不行了。干什么都不行。显然，那种完全耗尽、耗干的感觉——感觉很虚弱、很劳累——并不是老年人独有的。我的孩子很劳累，他们的朋友很劳累，我工作中遇到的孩子也很劳累。不是像完成足球训练后回家路上的那种累，而是由内到外，真的累了。因为需要做的事情过多而过度劳累，疲惫不堪，精疲力竭。"

　　从专业角度来说，我工作的每个领域中都能看到这种能力减弱的现象。这不仅仅说明你累了，而是真正意义上的"我不行了"。我们越是过度劳累，就越不可能集中力量去克服它。

　　深度疲劳有无数种表现形式，包括不注意细节、拖延、错过最后期限，以及不会关心他人。在一次大型会议的讨论中，我敦促同事们不要习惯性地处于疲劳状态，也不要互相容忍对方处于疲劳状态。我和他们分享了我发现的一种潜在道德观：大家觉得自己必须特别劳累，才能显示出工作的努力程度。一位与会者听完大声笑了出来，他说："如果我的同事某天有精力认真洗个澡，并且细心打扮一番，我们都会认为他有新的工作要面试！"

　　培养毅力、持久力至关重要，那样我们就可以更轻松、更自信地生活，可以去尝试任何想做的事情。此外，当意外发生，需要我们展现出不确定自己是否具备的能力时，如果我们有准备、有一个不会崩溃的底线、有一些耐力，就可以有效应对突然的变化、缓解过大的压力。记住，少即是多。我们不必一次做好所有的事情，我不建议这样做，这是不可持续的。但一定要做好一件事，坚持一段时间，然后再循序渐进，轻轻松松地应付。正如我的举重教练所说："这些动作很小，但很有效。"

过度劳累？

有一次，我在旅途中去一家墨西哥脆饼店吃饭。餐馆里空无一人。我还没来得及跟柜台后面的年轻人说话，他就指向空荡荡的餐厅，用一种渴望的声音说："朋友，我真希望能像这样安静地度过整个夜晚。"一个工作很忙碌的朋友曾对我说："我下班到家的时候，会慢慢地停下车，只希望家里没有灯亮着，没有家人醒着。"

这么多人都感到如此疲劳，这种状态的不良后果有很多。越来越多年轻的孩子在喝能量饮料。咖啡因是一种被广泛摄入的成瘾性物质，我让那些找我咨询的人在一天的时间里摆脱一种让他们上瘾的东西，即使是平常很喜欢开玩笑的人，当说到摆脱咖啡因时，他们也觉得没那么好笑了。

人们的睡眠越来越不足，因此对咖啡因越来越依赖。马修·沃克（Matthew Walker）直截了当地说："咖啡因现在正被广泛滥用。"沃克解释了咖啡因是如何中断一个重要的生物学过程的："在清醒 16 小时后，我们假设你喝了一杯咖啡，一杯浓缩咖啡，突然间，你的大脑从'我已经清醒了 16 个小时，我累了、困了'变成'哦，不！我并没有醒了 16 个小时，我只醒了六七个小时'。因为咖啡因阻碍了大脑对睡眠压力的指示。"腺苷是一种化学物质，在我们的大脑中慢慢积累，让我们感到疲倦，提醒我们该去睡觉了。然而，如果没有足够的睡眠，腺苷虽然还是在积累，却变得越来越难以发挥作用（导致过度劳累的感觉）。沃克说："当咖啡因阻断受体时，腺苷继续积累，最终，当你的大脑摆脱了咖啡因的刺激，你不仅回到了几个小时前的困倦状态，还会陷入此后累积的额外困倦状态。这就是所谓的咖啡因崩溃。现在你不得不喝两杯浓缩咖啡而不是一杯。药物循环的表现就是如此。"

　　我的一位朋友是公共辩护律师，他说自己每天早上都要泡一壶红茶，这有助于他克服在匆匆忙忙的早晨感受到的焦虑："我特别害怕自己不得不为别人的生活披上责任的盔甲，咖啡因是我的液体动力。"我们特别习惯于在生活的某个领域走捷径，以至于当机会出现在另一领域时我们都察觉不到。

～～～～～

　　另一个常见的问题是决策疲劳，也就是我们在长时间做决策之后，决策的质量逐渐下降。当我们在精神上感到疲惫时——由于做了太多的决定或太多的权衡（当考虑中的选择既有积极因素也有消极因素时），我们就很难做出好的决定。

　　就像疲劳的肌肉一样，我们做决定越多，自控力和意志力就越弱，防御力就越弱，我们的大脑也会寻找捷径来保持我们的选择余地或避免风险。当我们虚弱的时候，就会变得鲁莽（倾向于短期收益），倾向于听从他人的决定，或者保存自己的精力（什么决定都不做）。

即使需要做的选择只是"纸还是塑料"，决策疲劳也会对结果产生一些影响。当我们的决策能力耗尽，而面临的决策风险很高时，会发生什么呢？当贫困迫使人们不断做出高风险的决定时——是支付电费还是参加晚间课程，是省钱乘坐公共汽车还是按时去幼儿园接孩子，决策疲劳产生的影响可能是毁灭性的。永远优先考虑基本需求、做出艰难权衡的代价——如果一个人资源有限，他会经常面临这种情况——可能意味着人们在工作、学习和人际关系中举步维艰，达不到自己心中的预期，更无法关注自身健康。

社会心理学家和作家罗伊·鲍迈斯特（Roy Baumeister）博士研究了世界各地的决策疲劳现象，他创造了**"自我耗竭"**这个术语来解释自我控制的局限性。他说，当我们抵制某种东西的时间太长时，我们的意志力就开始涣散。好消息是我们可以通过避免受到诱惑来维持意志力，但当诱惑无处不在时，这可能很难做到。

研究表明，大多数人平均每天会主动避开某种欲望（食物、睡眠、看手机、上网）三到四个小时。无论你要决定上什么课、做什么事、吃什么，这些都会导致决策疲劳。我们很难知道自己何时精力耗尽。正如作家约翰·蒂尔尼（John Tierney）解释的那样："自我耗竭并不表现为一种感觉，而是一种更强烈地体验事物的倾向。当大脑的调节能力减弱时，挫折似乎比平时更令人恼火。吃、喝、消费和说蠢话的冲动会更强烈。"

有一次我和一个刚经历第一次失恋的 15 岁男孩一起散步。我们一直在谈论他该怎么处理失恋这件事情，该怎么应对他们共同的朋友。聊着聊着我问他我们去哪里吃点东西，他恍恍惚惚地停下脚步说："我很难做决定。"

难怪许多人都完全没力气了。当我们的能力被削弱且压力过大时，我们会感觉到自己好像正在努力跟上机器的脚步。当我们累得不能继续前进的时候，生活把我们拎起来，挟持着我们，我们甚至都没机会看清楚正在朝着哪个方向前进。

锻炼耐力

要想长期维持良好的心态，就要打造一口储量丰富的"深井"。在安排生活中的步调时，把注意力集中在个人可控制范围内尤其有用。

学会简化

想要更好地调整自己的状态，方法之一就是努力减少每天需要做决定的次数。提前订餐，和朋友一起安排锻炼，提前准备好一个星期的服装搭配……这样既可以节省大量时间，还能最小化我们每天必须做的选择次数。当我们精简并提前计划时，就能减轻日常决策的负担，提高健全决策的能力，并为真正需要的时候储备一些意志力。

从小事做起，少即是多。把第二天要用的背包收拾好，每天早上起来先把水杯装满，诸如此类，从你能想到的小事做起，然后把时间安排在你一直回避的一两件事上。

孩子们经常问我接下来几个小时的计划，我每次都回答："那太远了。我们稍后会解决的。"她们总是因为这件事取笑我。计划本身就是不稳定的，我们想通过规划时间来缓解头脑中的干扰和混乱，同时也要具备一些灵活性，这样当意外发生时就不会完全崩盘。

> 为了寻求自己的方向，你必须简化日常生活的机制。
>
> ——柏拉图（Plato），哲学家

身心合一

我接受过拳击训练，一直着迷于这项运动潜藏的微妙艺术。拳击需要你主动回应，而不是被动反应，要有所预判，却也不用用力过猛，需要你灵活、敏捷、有坚定不移的专注力。反应和回应理论也是我们研究的与大脑有关的理论。反应这种生理现象是动物大脑的本能，是一种战斗或逃跑的行为，而回应往往是更广泛、更深思熟虑的活动。一般来说，我们要慢慢练习对周围的环境做出回应，而不是防御性的反应。

电影制片人彼得·伯格（Peter Berg）分享道："我 52 岁，非常喜欢拳击。我对怎么做这件事很谨慎，不会和那些可能把我打晕的年轻人一起训练。但我通过拳击运动收获的朋友、专注和能量给了我制作电影的力量，作为父亲的力量，作为朋友的力量，而且让我感觉自己比实际年龄年轻很多，行为习惯也年轻很多。人们总是说，你怎么能去打拳击呢？我总是回答，你怎么不去尝试呢？如果你是一个坐在家里自怨自艾的 50 岁中年男人，那就经常出来活动活动，看看对你的生活、你的思想、你的幸福和你的体力有什么影响。我从拳击中得到了一切。"

取　暖

我双手捂着脸。

不，我没有哭。

我双手捂着脸。

温暖孤独——

双手护着，

双手滋养，

双手阻止，

我的灵魂离开我，

奔向愤怒。

——一行禅师（Thich Nhat Hanh）

　　我对不断发展的心理生物学领域尤其感兴趣，从中发现了一些有助于提高运动员耐力表现的因素，对每个人都颇有帮助。一般来说，人们认为运动员的耐力主要受限于由缺氧和过量乳酸导致的肌肉疲劳。但新的科学研究表明，耐力项目运动员的运动表现有时在肌肉完全疲劳前就开始下降。这种下降源自运动员对自己体力状态的感知，也就是他们认为自己拥有的体力极限，这证明疲劳更多是一种精神现象而不是生理现象。

正如作家马特·菲茨杰拉德（Matt Fitzgerald）所说：
"耐力项目运动员首先必须改善的不是自己实际的体力水平，
而是对体力水平的感知。耐力项目运动员只有改变对自己体
力水平的看法，才能进一步提高自己的耐力。"对体力的感知
程度可能会导致环法自行车运动员在最后一次爬坡时减速，
也能促使马拉松运动员在最后一公里冲刺前进。

临床运动生理学家萨穆埃尔·马尔克拉（Samuele
Marcora）博士的解释是："对体力的感知程度反映了'中央
运动指令'，也就是自主激活肌肉所必需的活动。在耐力比赛
中，无论你决定减慢速度还是停下来，这些决定都是由大脑
有意识地做出的，并且主要是基于对运动本身难度的感受做
出的。"但是他也指出，这不只是意志力的问题，身体机能和
心理疲劳也起作用，不过"肌肉只能在大脑能应付的范围内
发挥作用"。

如何将体力感知程度这个概念运用到日常生活中，帮助
我们保持状态？

● 对拥有健康的身体和精神心怀感激，感谢它们给你提
供的机会。通过工作、休息、合理膳食来表示感谢。

● 在可能的情况下，花时间做那些你最感兴趣、最不神

经过敏的事情。

● 使用冥想、积极的自我对话、目标设定和意象等方式练习正念。就算失败了，也要保持幽默感和笑容。

我从来都不认为自己有很强的耐力，但有一次我从加拿大温哥华骑行到了惠斯勒，全程 122 公里。由此我发现，当改变处境本身行不通时，改变一个人对处境的看法也很有帮助。我愿意参加这次骑行，起初是为了找个借口和朋友（都是非常厉害的运动员，和我不同）共度时光，并且觉得这将会是一段很好的反思时光。在整个骑行过程中，我都保持着幽默感，尤其在一次特别漫长、缓慢的爬坡过程中，这种幽默感发挥了重大作用，没有让我失去动力。

谈到如何在日常生活中应用体力的感知程度来保持状态，我学习的一个榜样是玛丽亚·托奥帕凯（Maria Toorpakai）。她成长于巴基斯坦瓦济里斯坦，那里有些人认为妇女从事体育项目是不合信仰的，那里的女孩一般不能上学。玛利亚的父母非常开明，允许她从小参与一些男孩的项目。她的父母让她参加举重和壁球训练，壁球是巴基斯坦第二大体育项目。十几岁时，玛丽亚名列世界第三。后来，她的成功事迹引起了保守势力的注意，她开始受到死亡威胁，甚至不敢外出，在自己的房间里训练了三年多。

她说："我能想到的只是打壁球。我非常努力，每天训练将近 10 个小时。壁球离我的心、我的灵魂很近。对我来说，这是生存的问题。"几年来，她一天最多发过 90 封电子邮件，向巴基斯坦以外的学院、组织和大学寻求帮助。最终，加拿大的一所壁球学院邀请她前去进修学习。

　　2017 年底我和玛丽亚进行了交谈，很难用文字描述她的专注程度，以及她对一步一个脚印踏实前进的决心。她创办了一个旨在帮助孩子的基金会，每天坚持训练。她说："我尽量把发生的每件事都看成是积极的，看成某种课程。我们应该在生活中寻找美好的事物。即使什么事让我害怕，我也把它看作一种挑战，对我来说，这样的生活更有趣。我有一个非常坚定的信念，并且相信这些挑战是有某种意义的。我努力将精力集中在我认为能最大限度帮助别人的地方。对我来说，壁球让我很开心。我每天都打壁球，每天都尝试在生活中学点新的东西。我知道我还在向前进步，生活中没有什么是确定的，那么为什么要浪费当下的时间呢？"

欣赏大自然

　　置身于大自然是另一种选择，众所周知，这可以帮助我们提升精力和长期承受压力的能力。伟大的诗人拉尔夫·沃尔多·爱默生（Ralph Waldo Emerson）提醒我们："生活在阳光下，游泳，呼吸野外的空气。"有一次，我在一架拥挤的飞机上看到一位乘客穿着衬衫走过，他的衬衫上写着"大自然——比心理治疗便宜"，当时我忍不住微笑起来。

前文中我们探讨了与大自然接触的好处，比如可以调节人的神经系统，让人更注重当下。但我想再次强调，你不必非得远足好几公里、不必非得在开阔的湖面玩皮划艇才能享受到户外的好处。只需几分钟的时间，可以是课间休息或工作时的放松，出门走走，就能有效地增强我们的耐力。有些老师会尽可能多地把课堂移到户外，还有不少上班族把小型会议召开的地方改到写字楼下的公园里。

> 自然可以使人理智。
>
> ——布鲁斯·斯普林斯汀（Bruce Springsteen）

户外产品零售商 REI 通过"OptOutside"运动全力以赴地宣传大自然的好处。某一年该公司在感恩节后的第二天决定关闭商店，从那时起决定开启这项运动，给员工放假，鼓励人们探索户外，而不是在假日疯狂购物。

大自然的美丽可以激发我们强烈的敬畏感。斯坦福大学的梅兰妮·鲁德（Melanie Rudd）博士进行了一项研究，得出以下结论：敬畏感——尤其是在自然美的刺激下——很令人兴奋，因为它扩大了人们对时间和空间的感知，促使人们在精神上适应正在体验的事物的伟大之处。山川，天空，跟随着黑暗的光，四季，想想什么对你来说是最舒服和最有营养的，如果想进一步增强耐受力，这就是你要做的第一步。

欣赏艺术

艺术的伟大之处在于，每个人都可以从中得到点什么。涂鸦艺术、歌剧、雕塑、说唱、摄影、诗歌、建筑、景观，无论是欣赏艺术还是创造艺术，都有渡人的力量。威廉·福克纳（William Faulkner）在诺贝尔文学奖获奖感言中提到，作家写作的意义是"帮助人们振奋精神，来熬过这一生"。

我认为，一个能出色完成任务的人就像一个善于创作的艺术家。无论是看厨师做饭，还是看老师吸引整个教室的注意力，我都会注意到这一点，并给自己一点时间来欣赏他们的技艺。我通常会悄悄地说："天哪，他们怎么做到的？"当威斯康星大学的朋友把我和女儿介绍给两位核物理学家时，就是这种情况。

他们不怕浪费时间，也不吝耐心，带我们参观了实验室，解释了研究成果，回答了我们提出的问题。他们对自己工作的内容充满热情，每天乐在其中——甚至对那些无法理解实验室里大白板上写的任何东西的人都很热情，这难道不是艺术吗？这是艺术的多种好处之一。对我们来说，它不需要有任何知识层面的意义，就能让我们深深地用心感受到。有时候，这种感觉可以滋养我们好几天，甚至好几年。

几个世纪以来，音乐已被证明是帮助人们找到出路的良方。一位神经科学家向我分享她一天中听着音乐做事可以有很多收获，因为我们听到的节奏会影响我们头脑中的节奏。她有一个起床时听的音乐播放列表，一个步行上班时听的列表，一个陪她下班回家的列表，还有一个在结束一天工作后帮她放松的列表。

在许多文化传统中，音乐能帮助人们表达悲伤和喜悦，正如奥尔德斯·赫胥黎（Aldous Hueley）所说："除了沉默，最能呈现出无法表达的情绪的就是音乐。"

歌剧《汉密尔顿》的创作者林–曼努埃尔·米兰达（Lin-Manuel Miranda）和公共剧院艺术总监奥斯卡·尤斯蒂斯（Oskar Eustis）的例子深刻说明了音乐的力量：

尤斯蒂斯先生 16 岁的儿子杰克自杀了。

尤斯蒂斯先生和他的家人一起面对的是一种没有事先准备的对灵魂的探索，既要坚持住，同时还要往前看。

杰克死后几个小时，有人通过电子邮件发来了一份 MP3 文件。发信人是林-曼努埃尔·米兰达，一个刚声名鹊起的音乐新人。

MP3 中的歌曲出自歌剧《汉密尔顿》，描述了亚历山大·汉密尔顿（Alexander Hamilton）和他的妻子伊丽莎（Eliza）在 19 岁的儿子菲利普死后感受到的悲痛：

有些时候，话说不出来，
痛苦太可怕以至于无法诉说。

你紧紧抱着你的孩子，

把那些无法想象的东西推开。

当你陷入很深的时候，

索性向下游去是一种更简单的选择。

米兰达回忆说："当时我不知道该说什么，但是我知道一首相关的歌。所以我写信给他：'如果这对你有用，就听一听；如果没用，就删除这封邮件。'"

尤斯蒂斯和他的妻子觉得那首歌很有用。尤斯蒂斯说："每句歌词都和我的感受完全吻合，这是我们很长一段时间内听的唯一一首歌，我们每天都听，这成为一件对我们两个人都很重要的事。……对我来说，这首歌的美妙之处在于，它已经变成了一种仪式——先让我们陷入悲痛之中，然后把我们从中带出来。我不知道还有什么仪式能为我做到这一点。"

——迈克尔·保尔森（Michael Paulson），

《纽约时报》记者

多笑

没什么东西比幽默更能治愈和扭转局面了。当然，能帮助我的是合适的幽默，而不是以牺牲他人为代价的幽默，也不是愤世嫉俗的幽默。幽默感可以帮你渡过困难时期、创造奇迹，你越幽默——最好带一点谦逊——你的生活会越好过。

融入到团体中

找到并融入适合的群体、避免孤身一人，也可以帮助我们增强忍耐力。主动去寻求帮助，就会避免那些本可能会被孤立的时刻或看似永无止境的艰难时期。正如一位律师所说："不管怎样，对我来说，知道别人也经历过那些可怕的或者不愉快的事，就有一种不可思议的舒缓作用。我们可以一起迈过那些坎儿，而不是一个人独自陷入悲伤。我知道我有很大概率能挺过去，因为有人做到过。"

~~~~~

我对遍布冰岛的庞大应急志愿者队伍感到惊奇，他们动员和照顾社区（包括无数游客）的表现令人惊叹。这个组织名为 Slysavarnafélagið Landsbjörg（冰岛搜救协会），记者尼克·鲍姆加登（Nick Paumgarten）说："冰岛经常发生事故，救援是神圣的事。"他在报道中介绍：

> 冰岛人口不超过 30 万，是一个没有常备军的国家。虽然有警察和海岸警卫队，但这些人和他们要保护的民众一样，分布很散，所以无论是事故、灾难还是风暴，大部分居民都不得不自己照顾自己。Slysavarnafélagið Landsbjörg 已经演变成一个团级志愿者系统，成为一种前所未有的类似国家紧急民兵的组织。它是非政府组织，总共有将近万名队员，其中 4 000 人编为 97 个小队，随时可以投入救援，几乎每个城镇都有一个团队。他们训练有素，装备精良，自筹资金，自行组织，在国民中享有近乎神话般的声誉。

Slysavarnafélagið Landsbjörg 搜救队非常有名，他们经常受邀去协助世界各地的救灾工作。我们普通人当然不是非得加入这样庞大的组织来达到融入团体的目的。

一天清晨，我在洛杉矶一片工业区跑步时，路过一个公共汽车站。有几个人站在那里等公共汽车，一个绅士睡在长凳上，缩成一团，长凳下方一个破塑料袋里装着他不多的家当。有位清洁工显然是负责维护这一站的，她手脚利索地打扫了公交站附近的所有地方。到长椅那里的时候，她放慢速度，小心翼翼，避免打扰睡着的那位。她非常细心地完成了工作，同时也照顾了一个她可能从未见过的人。在早晨的通勤高峰，这是多么安静而温暖的举动。

　　我们要继续摧毁那些可能孤立我们的隔阂，即使有些隔阂背后有巨大障碍，这样的努力也可以产生深远的影响。有一段时间，美国三个最大的精神健康中心都是监狱，地方法院法官卢·奥利维拉（Lou Olivera）的细致工作令人记忆深刻。有一名退伍军人轻微违法，奥利维拉法官判决他入狱一晚。但法官也认识到，如果这个患有创伤后应激障碍的退伍军人在牢房里待上一晚上，可能会有极端的行为，所以他毅然去牢房和退伍军人待了一晚。他们一晚上都在聊共同的经历，后来还制定出让这个退伍军人彻底改造的策略。你可以想象到那天晚上的沟通对这个退伍军人产生的影响，抛开隔阂的巨大影响。

世界是不可理解的，但我们可以拥抱它：拥抱
其中一种存在形式。

——马丁·布伯（Martin Buber），

哲学家

　　我一有空就会去一个公园，据说那是美国多样化程度最
高的地方。经常去那个公园的人代表着许多不同的文化，说
不同的语言，拥有不同的风俗习惯。在那里，有些特殊的、
偶然出现的瞬间，会让我感到很幸福：运动员在练习冲刺
跑；老人推着婴儿车；画家们带着画架写生；好友三三两两
走过熟悉的路……有时可能会有一两只鹰在空中盘旋，一瞬
间，时间彷佛变慢了，所有人都以某种方式聚在一起。运动
员放慢脚步看向天空，祖父母跪下来给孩子指着鹰，画家们
放下画笔仰头看，闲聊声也越来越小。很少有人说什么，但
大家都会不约而同停下来，静静看着，享受这一刻。作家罗
伯特·布劳特（Robert Brault）写道："享受生活中微小的事
情，因为有一天你回首过去，会意识到其实那些就是重要
的事。"

　　我们周围有很多人，既包括我们在有需要时会第一时

间寻求帮助的那些熟人，也包括接触较少的人。我们和每个人的关系都可能随着时间的流逝、生活境况的变化而发生改变，但知道何时该向他人寻求帮助是最重要的。人类天生就了解孤独，随着科学的发展，人们对孤独这种现象和心理造成的后果进行了大量研究，我们遇到问题时理应优先考虑与他人建立联系，而不应把自己禁锢在孤独中。有时我们会在健身房教练那里找到安慰，有时则是儿时的朋友；有时你最需要听到的声音来自你最喜欢的主持人，或者是你最喜欢的歌手。我们有很多选择，只要不把自己孤立起来就好。

我女儿在一次关于团体的谈话中和她的篮球教练沙基亚娜聊得很开心，她非常钦佩这位教练。沙基亚娜比我女儿年长，但也没大几岁。她很时髦，非常酷，和我的孩子们一样是混血儿。作为 NBA 球员的女儿，她身高 6 英尺 1 英寸，身体强健，是位了不起的运动员，在美国和其他国家都有惊人的成就。我问她觉得压力太大时，她会怎么做。她毫不犹豫地说："我会和我妈妈通电话，反复打电话聊，一直都是这样。"

我们能为周围的人有所贡献的最有意义的方式之一，就是在目睹任何艰难的事情时，要有意地放慢脚步停下来。无论我们直接面对的人仍然在挣扎，还是已经陷入悲惨境地，我们都要真真切切地感受他人的痛苦，这是非常有意义的。

有时我们需要通过宣传和志愿行动来帮助他人，有时需要求助于政府机构，有时只能祈祷、祝福，这些都很难让受困者彻底解脱，甚至可能一点用都没有，但是竭尽所能帮助他人、关怀他人，对我们的人性释放至关重要。困难面前要下定决心不被压倒，不被夺取力量，因为我们总能做点什么。

我第一次认识到停下手中的事、把注意力转移到他人身上会对他人产生很大帮助，是在我母亲去世后的第二天。虽然已经记不清她过世那几天发生的所有事，但多年过去了，有个细节在我记忆里依然非常生动。

朋友带我去了她家，这样我就可以暂时离开我家，避免一直沉浸在悲伤中。当时我们都 13 岁，她有个 17 岁的哥哥。我认识他，他人很好，比我们年长且成熟，性格开朗，我觉得自己很不起眼，远不值得他和他的朋友们关注。

那天下午，我和她一起下楼去地下室，远远听到她哥哥和朋友们打闹开玩笑的声音，他们当时玩得非常起劲。我们进入房间后，她哥哥看到我，以清晰而坚定的语气对闹哄哄的朋友们说："停，停，别闹了！"他甩开他们，朝我冲过

来，把我裹在他巨大的身体里。那是一个时间很长的拥抱，
我记得他大概只说了三四个字。就是这样简单的一瞬间，但
老实说，对我却意味着很多，在我心里地位很高且不那么熟
悉的人，在我需要的时候慷慨地给予关怀，我永远不会忘记
那天。

第八章

学会抽身而退

　　犹太教有个故事讲述了一位受人尊敬的拉比，他教门徒努力记住并思考教义，把祈祷和圣言放在心上。一天，一个门徒问拉比为什么总是说"放在心上"，而不是"放在心里"，拉比回答说："只有时间和恩典才能把这些圣物的本质放在你心里。我们背诵和学习它们，并把它们放在我们的心上，希望有一天，当我们的心破碎时，它们会掉进去。"

　　一旦我们加深了对当前生活方式的理解和认识，了解我们当前的状态是好还是坏，我们便掌握了生活中最重要的考量因素。保持自我状态的一个核心原则就是能够辨别何时该进取、何时该隐忍。

做出知情选择

　　生活中，我们每天都要做无数的小决定，偶尔也需要做出重大抉择。想要改变朋友圈子，寻找实习机会，是否关怀某人，是否献身于某事业，要不要说一些已到嘴边的话……我们每走一步都要做出知情选择。有无数时刻和关头都需要我们做出选择，可能有很多选项，也可能只有个别选项。当选项较少时，我们更要清楚在自己掌控之中的东西是什么，要不要与之建立联系并参与其中，参与的程度多深。

如果你需要休息一段时间才能继续，那么给自己一些时间和空间，什么都别做，全身而退一段时间。

来自社会和文化的压力鼓励大家时刻都要动起来，但是那样你可能会用力过猛，走错道路。相反，给自己画一条底线，学会克制，反而是一种尊重自我的做法。我和来自多个领域的人共事过，见识到原来当下社会的狂热本质会让人变得如此极端。做这项工作的人会盯着做那项工作的人，这个部门的人会盯着那个部门的人："你们的人工作时间还要花时间去上厕所？我们少喝几口水就能多做点事。""我们白天基本不去上厕所，所以生产率更高！"

作家蒂姆·克莱德（Tim Kreider）批评了当下盛行的"忙碌等于有价值"这种理念，他主张我们要退后一步："无所事事不仅仅是度假、放纵或恶习，它对大脑的意义就像维生素 D 对身体的意义一样。无所事事带来的空间和宁静是一个必要的条件，它可以使人们远离生活，看到生活的整体，建立意料之外的联系，得到夏季闪电般的灵感——其实，这对完成任何工作都是非常必要的。"要学会对某些事说"不"。清理一下你盘子里的东西，然后仔细研究将来要在哪方面分配时间。或者，也许你需要从那些让你痛苦的事情中真正抽出身来。

我们中的许多人可能从上一辈那里继承了对"坚持"的深深的执念。坚持意味着忠诚、奉献、坚定、可靠或坚强。我们想要坚持下去的倾向有可能源于宗教教育、源于内在的压力或期望，有可能源于我们的文化或家庭，还有可能源于一系列关于成功的定义或"好人"的标准。当然，坚持并不总是我们最好价值观的表现。坚持也可以反映出顽固、惰性、僵化，或者往往只是简单的习惯性选择罢了。要记住，无常是一种天赋，旧叶为新芽的生长提供了机会。

> 当我们理解无常的真理并在其中找到平静时，我们就会发现自己处在涅槃中。
>
> ——铃木俊隆（Suzuki Roshi），禅宗大师

脱离心理创伤恢复领域之后，我就开始从事幼儿教育工

作，创建了一所西班牙语幼儿园并主持运营。十多年来，我们的课程都是在社会和环境正义的框架下教授的，这些年我经常回顾我和那些学龄前儿童一起学习过的课程。其中一门课程是关于"离开权"的——我们家一直用到现在的词汇。

由于我曾经的工作领域之一是研究儿童被虐待和被忽视，我觉得有必要教教这些 2～5 岁的孩子，让他们明白，如果感到不安或不安全，就可以直接离开所处的情境。有经验的自卫和安全意识指导员每年都来和孩子们一起玩角色扮演游戏，练习一下该怎么使用他们的离开权。有人对你或和你在一起的人说了一些不友好的话，你试图让他们停下来，但他们没有？用你的离开权！那个坐在沙发上的亲戚离你太近了？使用你的离开权！似乎每个人都有资格触摸你的头发，即使你已经说得很清楚了？使用你的离开权！

明确是否以及该如何坚持

勇敢地质疑我们是否应该坚持，以及我们该如何坚持，才能对自己的幸福有所帮助，才能帮助那些我们想要帮助的人。通常我们只有在危机过后或是经历巨大挫折后才会再一次明确目标。

有同事曾经分享过一个辛酸的时刻。一天早上，她的小儿子在看电视，新闻里正在播送一起大规模枪击事件的突发报道。他说："妈妈，你的工作好像没做好啊！"

孩子无意间说的话给了她一个反思的机会：第一，她现在的事业是不是她真正想做的；第二，如果她真的要坚持下去，需要怎么重新调整才能确信自己正在做的事情是有用的。这位同事长期致力于预防枪支暴力，她在工作上毫无保留地奉献自己，做出了很大的个人牺牲。日常思考"这对我有什么好处？"我们就可以看清当下自己的状态如何，是否有调整的必要性，调整的方向在哪里。

他们试图埋葬我们，但他们不知道我们是种子。

——狄诺斯（Dinos），诗人

大家可能都经历过这样的艰难时刻：我们做出了或大或小的改变，但是改变前和改变后之间的过渡阶段很难熬。有时做出改变可以得到支持和理解，但通常人们还是忘不了以前的那个你，因为以前的你正好可以满足他们对你的需要。

2017 年，我受邀与一所大学及周边团体合作，那时，我意识到了适时评估一个人的能力以及尊重自己和他人的能力有多重要。在主办方组织的一次年会上，我有机会与一些长者交流他们在民权运动中的处境以及他们对美国当前局势的看法。其中一位长者提到，当他们想要做点什么以对社会有所贡献时，总会付出代价，他说："如果你真的想要做出点新东西，那你就要做好付出代价的准备。如果你没有付出代价，那就说明你没有真正参与其中。"

有时，我们会处于一种并非由自己自主选择的情况之中，那时决定是否以及如何坚持下去尤其困难。罗宾·布蕾（Robin Brule）面临着她从未想象过的痛苦抉择。她年迈的母亲及其朋友在家中被谋杀了。事发时，她们正在边喝咖啡边读每日新闻，突然，三名袭击者闯进来对她们下了毒手。我亲眼目睹了罗宾和她的家人是怎么度过那些难熬的日子的，罗宾分享了她为保持自己的精神状态所做的每一个深思熟虑的决定，我对她很是敬佩。

受害者家庭出席第一次判决听证会时，罗宾努力控制住自己的情绪——尽管现场出现了很多在她个人掌控范围外的因素。她选择出席庭审并在庭审中发言，这样记录将是完整的，她的孩子们在几年后的假释听证会上也不再需要重述事件的经过。她精挑细选用来形容她母亲的措辞，她想要展现尊严，这样她母亲就不会作为受害者而存活于法庭的记忆中。她计算好自己出庭的时间，主动选择自己坐的位置以及眼睛注视的方向，她不想看见那个取走她母亲生命的人。她选择了一只治疗犬陪伴自己，在这一点上，她允许自己接受以前没想到过的疗愈方式。

在开庭声明中，检察官发表了讲话，详细介绍了谋杀案的具体过程。罗宾难以克服自己的情绪，她跌倒了，又爬起来，跑向家属休息室，治疗犬一直在她身边。罗宾跪在地上，头埋进手掌里，治疗犬轻轻地把头贴在罗宾的背上，一动不动，罗宾一直在哭，过了很久才回到法庭。

听证会结束后，罗宾回忆道："我知道了自己的一些问题。经历了这一切之后，我在法庭上承受着巨大的压力，看到杀害母亲的凶手，听到那些细节……我告诉自己不能胡思乱想，必须控制情绪，否则后果不堪设想，我不能让自己那样做。我觉得愤怒就像毒液一样存在于我的身体里，我也想过它会在我体内产生什么伤害、造成哪些影响，这种伤害不是我想要的。"

罗宾选择了在这种糟糕的情况下努力找出解决办法。我们总是有选择的。

即使你经历过一场危机后才到达这里，你也要
深入地审视内心。

——一行禅师（Thich Nhat Hanh）

后　记

　　我记得女儿 10 岁的时候，骨头里长了一个肿瘤，虽然是良性的，但它还是不停地长啊长。经过儿童医院长达 3 年的预约诊疗和密切关注，医生们得出结论，她的腿上需要切除一个非常大的肿块。

　　手术时间很长，但进行得很顺利，那位外科医生和自始至终照顾我们的护士都是真正的圣人。我和爱人一直在病房里来回踱步，哪也不敢去（就像所有病人家属一样），以便手术后一经允许就能尽快去看她。她坚持得很好，几个小时后，当手术中使用的麻醉药药效逐渐消失时，主治医生在查房时顺道过来看她。手术后她没有服用止痛药，这让医生很困惑，他说从未见过任何人不需要止痛药。我大声对女儿说："嘿，宝贝，你很能忍痛啊！"医生转过身来瞪着我，严肃地说："有没有想过，只是因为她真的很勇敢，能通过控制注意力来缓解疼痛。"

　　这件事已经过去很长时间了，但每当我思考什么才能帮助我们调解自身或集体的压力时，总会想起这件事。对每个人来说，都有与生俱来的东西，包括所有的光明面和黑暗面。

天赋无法改变，但我们可以通过有目的的训练完善自己，开始一项新的实践永远不迟。梳理你对自我的清晰认识以及对你所拥有的一切的理解，把它与你所能做出的选择相结合，就可以帮助你长期坚持下去。随便做点什么都可以，重点是每天都要坚持做。

　　我最喜欢的治疗方法之一就是户外徒步。虽然这不是我每天都做的事情，但我总是能从中找到节奏。我最喜欢户外徒步活动中的一项传统——在旅途中人们会表现出来自本能的谦让。在山间的小道上，上山的人总是有先行权，下山的远足者总会自觉靠边让出道路，以便上山的远足者安全通过。当徒步旅行者背着沉重的背包，或者小径崎岖不平时，这种谦让尤为重要。

　　这项传统通常是在沉默中体现的，或者只是会意地点点头。如果你听到有人出声交流，他们几乎总是在鼓励你："这是值得的！""你就快到了！""不太远了！"在任何时候的徒步旅行中，都会有无数这样充满谦让、默契、优雅和相互感激的时刻。

　　徒步中的这项传统与社会地位无关。徒步旅行者有的是老人，有的是年轻人；有的人有经验，有的人没有；有的人很有名气，有的人则很平凡；有的人装备完善而光鲜，有的人装备陈旧破损。但每个人都遵守这一传统，尊重那些可能呼吸困难、身体某些部位疼痛的上坡旅行者所付出的努力，他们可能会想"为什么这样还要来爬山"，但是他们还是会尊重、照顾他们。在我徒步旅行的这么多年里，从未见过任何人在需要谦让或默契的几秒钟里缺乏耐心、理解、同理心和善良。

作家埃利·威赛尔（Elie Wiesel）说："对我来说，每一个小时都是优雅的。"在以后的生活里，无论个人还是集体，愿所有人都能找到这样或大或小的时刻——当我们带着优雅和决心，带着对如何避免造成伤害的洞察力，带着如何明智地做出贡献的清晰认识，带着一些感激之情——一路前行。

图书在版编目（CIP）数据

自愈 /（美）劳拉·利普斯基著；底飒译. -- 北京：
中国人民大学出版社，2023.5
ISBN 978-7-300-31482-2

Ⅰ. ①自… Ⅱ. ①劳… ②底… Ⅲ. ①情绪 - 自我控
制 - 通俗读物 Ⅳ. ① B842.6-49

中国国家版本馆 CIP 数据核字（2023）第 068135 号

自　愈

[美]劳拉·利普斯基　著

底飒　译

Ziyu

出版发行	中国人民大学出版社	
社　　址	北京中关村大街 31 号	邮政编码　100080
电　　话	010 - 62511242（总编室）	010 - 62511770（质管部）
	010 - 82501766（邮购部）	010 - 62514148（门市部）
	010 - 62515195（发行公司）	010 - 62515275（盗版举报）
网　　址	http://www.crup.com.cn	
经　　销	新华书店	
印　　刷	涿州市星河印刷有限公司	
开　　本	890 mm × 1240 mm　1/32	版　次　2023 年 5 月第 1 版
印　　张	6.25 插页 2	印　次　2023 年 5 月第 1 次印刷
字　　数	97 000	定　价　65.00 元